博雅小书院

Liberal Arts Education for Children

于川——编著

化石的心事

中国出版集团　现代出版社

目录

目 录

● 解析化石

"化石"不会说话，却可以为你讲述过去发生的故事：讲述气候的转变、地球的变迁，生命的从简单到复杂、低等到高等。在这里，你可以看到"重量级"的古生物化石，可以看到许多逝去的生命，也可以听到那些过去发生的趣闻，对化石的分析与解释将充满着无限的乐趣。而那些发现、鉴别化石，制作化石标本的技巧，说不定可以把你变成一个化石小专家。下面，我们就一起走进魅力无限的化石世界，与它来一次亲密接触吧！

化石其物 >

　　所谓化石,是指保存在岩层中地质历史时期的古生物遗物和生活遗迹。

　　在漫长的地质年代里,地球上曾经生活过无数的生物,这些生物死亡后的遗体或是生活时遗留下来的痕迹,许多被当时的泥沙掩埋起来。在随后的岁月中,这些生物遗体中的有机物质分解殆尽,坚硬的部分如外壳、骨骼、枝叶等与包围在周围的沉积物一起经过石化变成了石头,但是它们原来的形态、结构(甚至一些细微的内部构造)依然保留着。同

样,那些生物生活时留下来的痕迹也可以这样保留下来。我们把这些石化的生物遗体、遗迹称为化石。

　　通常如肌肉或表皮等柔软部分在保存前就已腐蚀殆尽,而只留下抵抗性较大的部分,如骨头或外壳。它们接着就被周围沉积物的矿物质渗入取代。许多化石也被覆盖其上的岩石重量压平。

　　简单地说,化石就是生活在遥远的过去的生物遗体或遗迹变成的“石头”。

延长抚仙湖虫

历史研究 ＞

在有文字记载的人类历史的早期，某些希腊学者曾被在沙漠中及山区有鱼及海生贝壳的存在感到迷惑。公元前450年希罗多德注意到埃及沙漠，并正确地认为地中海曾淹没过那一地区。

公元前400年亚里士多德证明化石是由有机物形成的，但认为化石被嵌埋在岩石中是由于地球内部的神秘的塑性力作用的结果。他的一个学生狄奥佛拉斯塔（约前350年）也提出了化石代表某些生命形式，但是他认为化石是由埋植在岩石中的种子和卵发展而成的。斯特拉波（约前63年到20年）注意到海生化石在海平面之上的存在，正确地推断，含有该类化石的岩石曾受到很大的抬升。

在中世纪的黑暗时代，人们对化石有各种各样的解释，人们或者解释为自然界的奇特现象，或者解释为魔鬼的特别的创造和设计以便来迷惑人。这些迷信以及宗教权威们的说教，妨碍了化石研究达数百年。大约在15世纪初，化石的真正起源被普遍接受了。人们懂得了化石是史前生物的残体，但仍然认为是基督教《圣经》上所记载的大洪水的遗迹。科学家与神学家的争论大约持续了300年。文艺复兴时期，几个早期自然科学家，著名的达·芬奇论及化石的问题时坚决主张，洪水不能对所有化石负责，也无法解释化石出现在高山上。人们肯定地相信，化石是古代生物无可置疑的证据，并认为海洋曾覆盖过意大利。达·芬奇认为，古代动物的遗体被深埋在海底，在后来的某个时候，海底隆起高出海面，形成了意大利半岛。在18世纪末和19世纪初，化石的研究打下了牢固的基础，并形成一门科学。从那时起，化石对于地质学家越来越重要了。化石

主要发现于海相沉积岩中，当海水中沉积物如石灰质软泥、沙、贝壳层被压紧并胶结成岩时，就形成了海相沉积岩。只有极罕见的化石出现在火山岩和变质岩中。火山岩原来是熔融状态，它的里面是没有生命的。变质岩是经历了非常大的变化而形成的，使得原始岩石中的化石一般都化为乌有。然而，即使在沉积岩中，所保留下来的记录也只是史前动植物的很小一部分。如果考虑到形成化石这一过程所需要的苛刻条件，也就不难理解为什么沉积岩中所保留下来的也只是史前动植物的很小一部分。每一个化石都有自己的历史价值。

植物化石

HUA SHI DE XIN SHI

形成条件 ⟩

　　虽然一个生物是否能形成化石取决于许多因素，但是有3个因素是基本的：

　　（1）有机物必须拥有坚硬部分，如壳、骨、牙或木质组织。然而，在非常有利的条件下，即使是非常脆弱的生物，如昆虫或水母也能够变成化石。

　　（2）生物在死后必须立即避免被毁灭。如果一个生物的身体部分被压碎、腐烂或严重风化，这就可能改变或取消该种生物变成化石的可能性。

　　（3）生物必须被某种能阻碍分解的物质迅速地埋藏起来。而这种掩埋物质的类型通常取决于生物的生存环境。海生动物的遗体通常都能变成化石，这是因为海生动物死亡后沉在海底，被软泥覆盖。软泥在后来的地质时代中则变成页岩或石灰岩。较细粒的沉积物不易损坏生物的遗体。在德国的侏罗纪的某些细粒沉积岩中，很好地保存了诸如鸟、昆虫、水母这样一些脆弱的生物的化石。

化石分类 〉

⊠ 实体化石

指古生物遗体本身几乎全部或部分保存下来的化石。原来的生物在特别适宜的情况下，避开了空气的氧化和细菌的腐蚀，其硬体和软体可以比较完整地保存而无显著的变化。例如猛犸象（第四纪冰期西伯利亚冻土层中于1901年发现，生存于2.5万年以前，其化石在第四纪冰期西伯利亚冻土层中被发现，不仅骨骼完整，连皮、毛、血肉，甚至胃中食物都保存完整）。

◎ 模铸化石

就是生物遗体在地层或围岩中留下的印模或复铸物。一类是印痕，即生物遗体陷落在底层所留下的印迹，遗体往往遭受破坏，但这种印迹反映该生物体的主要特征。不具硬壳的生物，在特定的地质条件下，也可保存其软体印痕，最常见的就是植物叶子的印痕。第二类是印模化石，包括外模和内模两种，外模是遗体坚硬部分（如贝壳）的外表印在围岩上的痕迹，它能够反映原来生物外表形态及构造；内模指壳体的内面轮廓构造印在围岩上的痕迹，能够反映生物硬体的内部形态及构造特征。例如贝壳埋于砂岩中，其内部空腔也被泥沙充填，当泥沙固结成岩而地下水把壳溶解之后，在围岩与壳外表的接触面上留下贝壳的外模，在围岩与壳的内表面的接触面上留下内模。第三类叫作核，上面提到的贝壳内的泥沙充填物称为内核，它的表面就是内模，内核的形状大小和壳内空间的性状大小相等，是反映壳内面构造的实体。如果壳内没有泥沙填充，当贝壳溶解后久留下一个与壳同形等大的空间，此空间如再经充填，就形成与原壳外形一致、大小相等而成分均一的实体，即称外核。外核表面的形状和原壳表面一样，是由外模反印出来的，它的内部则是实心的，并不反映壳的内部特点。第四类是铸型，当贝壳埋在沉积物中，已经形成外模及内核后，壳质全被溶解，而又被另一种矿物质填入，像工艺铸成的一样，使填入物保存贝壳的原型及大小，这样就形成了铸型。它的表面与原来贝壳的外饰一样，它们内部还包有一个内核，但壳本身的细微构造没有保存。

总的来说，外模和内模所表现的纹饰凹凸情况与原物正好相反。外核与铸型在外部形状上和原物完全一致，但原物的内部构造被破坏消失，其物质成分与原物也不同。至于外核和铸型的区别在于前者内部没有内核，而后者内部还含有内核。

⊠ 遗迹化石

指保留在岩层中的古生物生活活动的痕迹和遗物。遗迹化石中最重要的是足迹，此外还有节肢动物的爬痕、掘穴、钻孔以及生活在滨海地带的舌形贝所构成的潜穴，均可形成遗迹化石。遗物化石方面，往往指动物的排泄物或卵（蛋化石）；各种动物的粪团、粪粒均可形成粪化石。我国白垩纪地层中恐龙蛋世界闻名，过去在山东莱阳地区以及近年来在广东南雄均发现成窝垒叠起来的恐龙蛋化石。

⊠ 化学化石

古代生物的遗体有的虽被破坏，未保存下来，但组成生物的有机成分经分解后形成的各种有机物如氨基酸、脂肪酸等仍可保留在岩层中，这种视之无形，但具有一定的化学分子结构足以证明过去生物的存在的化石称为化学化石。随着近代化学研究的进展，科学技术的提高，古代生物的有机分子(指氨基酸等)可从岩层中分离出来，进行鉴定研究，同时产生了一门新的学科——古生物化学。

⊠ 特殊化石

　　古代植物分泌出的大量树脂，其黏性强、浓度大，昆虫或其他生物飞落其上就被沾黏。沾黏后，树脂继续外流，昆虫身体就可能被树脂完全包裹起来。在这种情况下，外界空气无法透入，整个生物未经什么明显变化保存下来，就是琥珀。

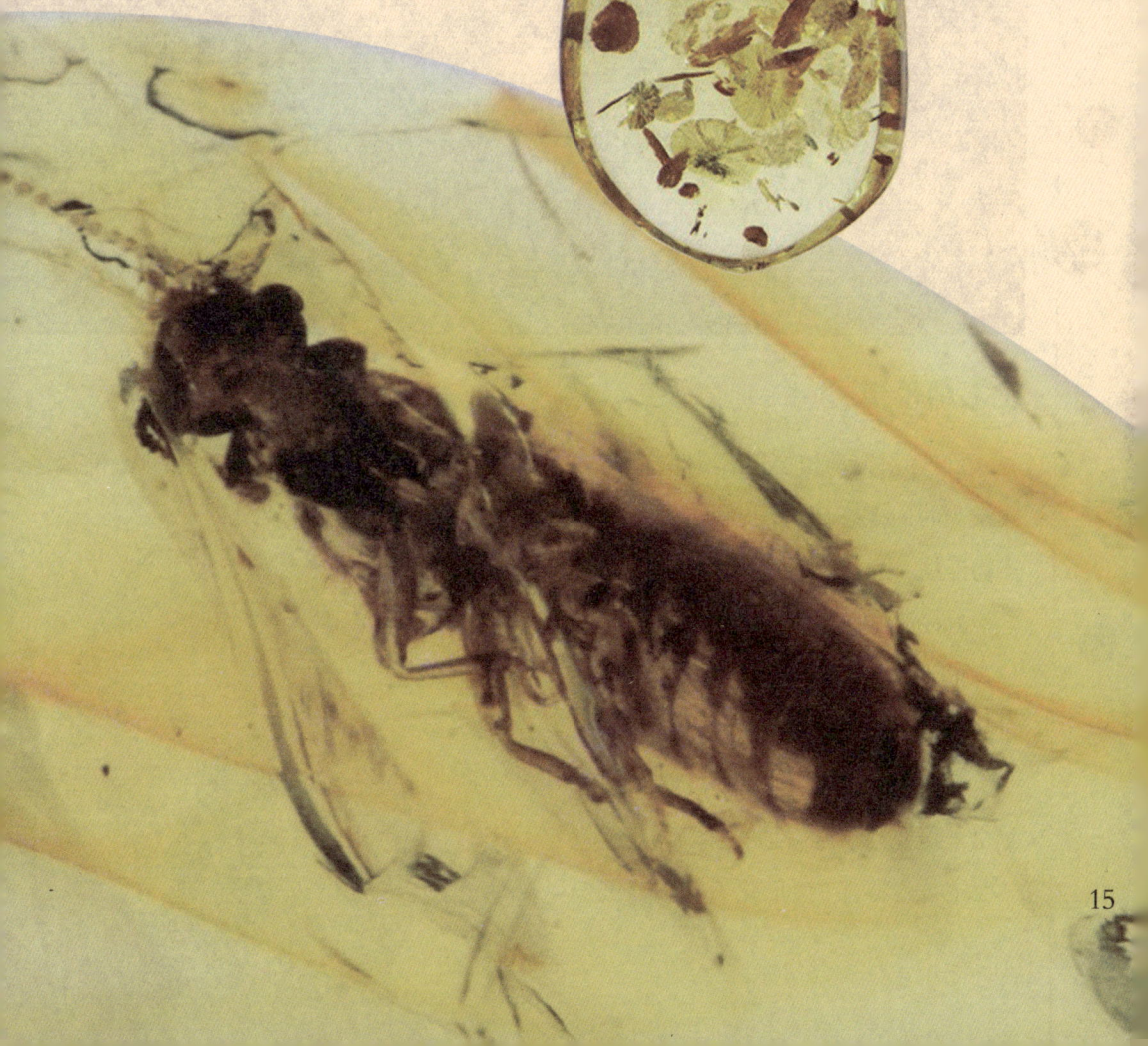

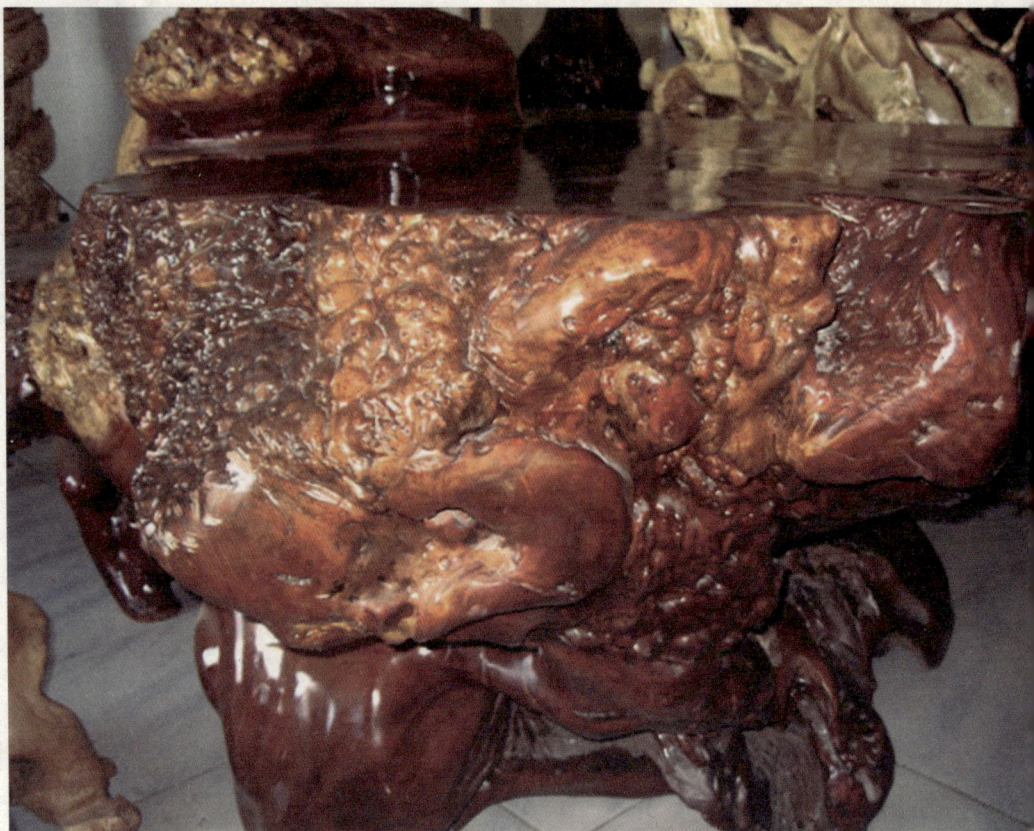

经过打磨的木化石桌面

化石的价值 >

1.它为研究动植物生活习性、繁殖方式及当时的生态环境, 提供十分珍贵的实物证据。

2.对研究地质时期古地理、古气候、地球的演变、生物的进化等具有不可估量的价值。

3.探索地球上生物的大批死亡、灭绝事件研究, 提供罕见的实体及实地。

4.有些特殊、特形化石其本身或经加工具有极高的美学欣赏价值和收藏价值, 因此, 在一定意义上, 它也是一种重要的地质旅游资源和旅游商品资源。

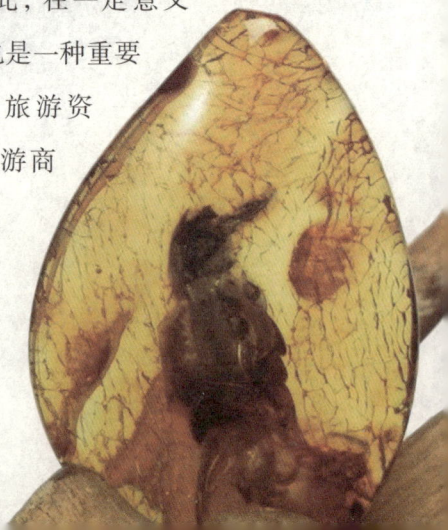

16

我国化石的主要分布 >

我国是古生物化石较多的国家之一，几乎遍及全国各地。特别是近年来先后发现的内蒙古二连恐龙蛋及骨骼化石、辽西的鸟化石、云南澄江动物群化石、山东山旺动植物等珍稀的古生物化石，受到国际上特别是科学界的广泛关注。

我国有许多重要化石产地，其中有不少是国家乃至世界的宝贵遗产，以下简要介绍我国重要的古生物化石产地，以及化石研究中的新成果。

山东诸城恐龙化石发掘现场

化石的心事

⊠ 山旺古生物化石

　　山东临朐山旺古生物化石被列为世界遗产之最，发掘于临朐县城东 20 千米的山旺村。其间，保存着 1800 万年前各种动植物化石。这些化石，种类繁多，精美完好，印痕清晰，栩栩如生，被誉为"化石宝库"、"万卷书"，是一座古生物化石天然博物馆。现已发现的有 10 多个门类，400 余种。植物化石有苔藓、蕨类、裸子植物和被子植物；动物化石有昆虫、鱼、两栖、爬行、鸟和哺乳动物各类。山旺化石如圆基香椿、胡桃、昆虫、玄武蛙、螳螂、蝾螈、龟、鸟、野猪、三角原古鹿、纤细近五角犀、东方祖熊等化石标本已成为重要的旅游商品，广为收藏。

⊠ 澄江动物化石群

在云南澄江县帽天山，发现了轰动世界的橙江动物群化石。这是目前世界上发现最古老、保存最完整的软体动物化石群。自1984年发现"纳罗虫"以后的10年间，近10个国家的50多位科学家在这一带采集化石约5万块，它们分别属于海绵、腔肠、蠕形、节肢、腕足等动物门或超门，有的动物因未曾见过而无法分属。科学家在橙江化石中已发现40多个门类的80多种动物。橙江化石群中的云南虫被证

实是地球上最古老的半索动物，从而解决了生物进化论上一个最棘手的难题之一，即脊椎动物与无脊椎动物两大类别的演化关系。这一发现在进化生命科学上具有极为重要的意义。橙江动物化石群的发现被国际学术界列为"20世纪重大科学发现之一"。

19

⊠ 恐龙化石

　　恐龙是爬行动物中的一个庞大家族，生活在距今 2.25 亿—0.65 亿年前的大陆上，曾经统治地球达 1.6 亿年之久。专家认为，地球生活过的恐龙有 900~1200 个属。人类发现恐龙化石已有 180 多年的历史。100 多年来，恐龙一直是古生物学界和全人类最有兴趣的话题之一。

　　我国发现的恐龙化石产地很多，并很有特色，主要分布在黑龙江嘉阴一带，四川自贡及四川盆地其他地区，山东诸城，内蒙古二连浩特盐池和查干诺尔，广东南雄，山西天镇，河南西峡、内乡，新疆准噶尔盆地，以及广西抚绥，浙江永康,贵州等地。

☒ 鸟类化石

我国鸟类化石的发现已有几十年的历史。鸟化石种类很多,仅周口店鸟类群就有鸟化石122种。近年来,辽宁西部北票中华龙鸟化石的发现,一举打破了德国在早期鸟类化石方面的垄断地位。初步认为鸟类是由小型恐龙演化而来,其科学价值无法估量。中华龙鸟是鸟类的真正始祖,其发现,有力地支持了鸟类系由小型兽脚类恐龙演化而来的学说,并将原始鸟类演化历史分为4个阶段:中华龙鸟期—始祖鸟期—孔子鸟期—真鸟期。4个阶段的代表在辽宁西部都有发现。这些发现引起了世界轰动。

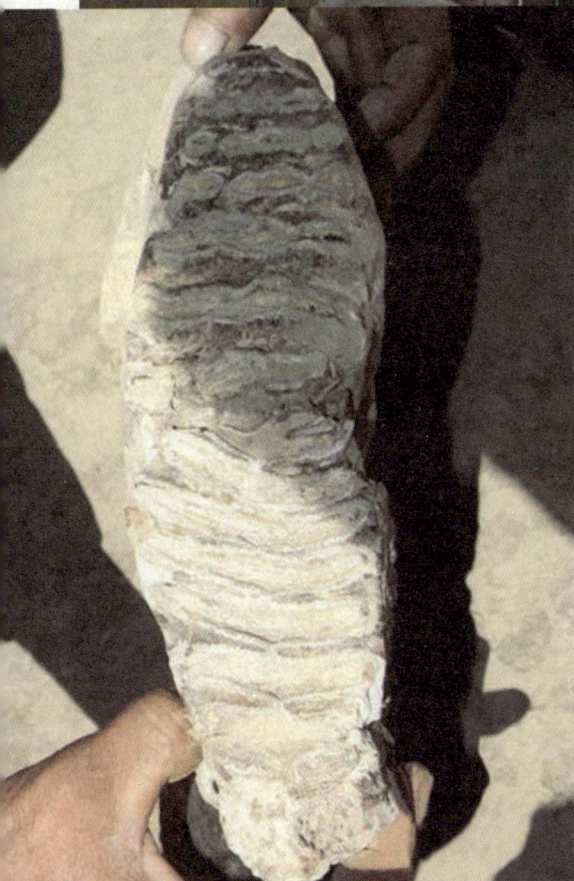

◻ 古象化石

古象化石在我国有多处发现，除具有科研价值外，还有重要的观赏价值。主要化石产地有：内蒙古扎赉诺尔松花江猛玛象，它是我国最大的古象化石，化石全长9米，身高4.7米。甘肃合水具板桥"黄河剑齿象"，它是世界上个体最大、保存最完整的剑齿象化石。同时出土的还有鸵鸟、三趾马、羚羊。

古象臼齿化石

化石与文物的区别 〉

1. 古生物化石，指人类史前由于地质作用形成并赋存于地层中的生物遗体和活动遗迹，包括植物、无脊椎动物、脊椎动物等化石及其遗迹化石。它们是经过漫长地质作用形成的、不可再生的地质遗迹，是国家宝贵的自然遗产。它不是历史文化遗物，不属于"考古"的范畴。

2. 文物研究的时间跨度是指"人类历史以来"，而化石研究是"史前"的地质时期，这一概念现已深入人心。

3. 由于古生物化石与文物自然属性

古代陶器

以及保存状态的差异，文物的挖掘保护方式及研究与古生物化石的挖掘保护方式差别甚大。

4. 在科学研究范畴上，文物研究属社会科学类，而古生物化石研究属自然科学类，前者属考古学，后者属古生物学，在国际上早已获得公认。

5. 从学科归属和人才培养模式上，古生物学属自然学科类，文物考古属社会学科中的历史学大类。在国务院学位委员会和国家教育部颁发的学士、硕士以及博士培养目录中，古生物学一直是一级学科地质学下属的二级学科，名称为古生物学及地层学；文物考古分属历史学下考古学及博物馆学，二者分属不同的学科体系。

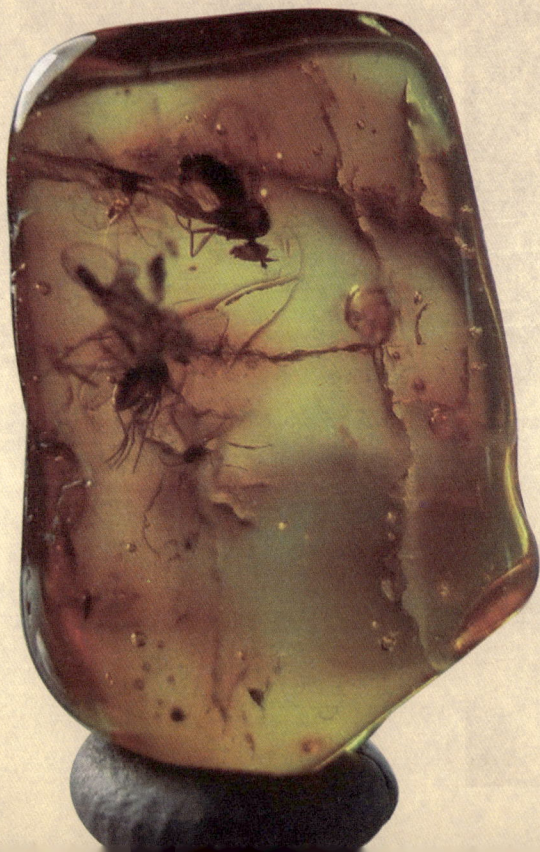

古生物学和考古学的区别 〉

1.考古学是根据人类通过各种活动遗留下来的实物以研究人类古代历史的一门科学。考古学属于社会科学范畴，是历史科学的一个组成部分。其研究年代的下限，在中国定在明朝的灭亡（1644）。其上限也很清楚，即有了人类以后，尤其是有了人类活动所遗留下的实物以后。可以说考古学研究的时间范畴大体上是旧石器时代到中国的明末（欧美各国时代下限各不相同）。人类的旧石器时代约相当于地质历史时期的中更新世中期至晚更新世晚期。更早些的更新世早期旧石器多无确切的断代证据。

2.作为考古学研究对象的旧石器时代的遗物，都是埋藏在第四纪地层中的。对除石器外的其余研究工作，包括当时的生物化石，必须由地质学家（包括地貌学家）和古生物学家担任。因此，作为自然科学工作者的古生物学家也常常从事旧石器时代考古工作。到新石器时代（包括中石器时代）人类文化更为进步，其器物也更为多样，又出现了装饰品、陶器等。其时代约相当于地质历史的全新世，已经不属于古生物学研究范畴。作为历史科学的一部分，新石器时代考古基本上都由社会科学工作者承担。

这一概念在科学上是清楚的。考古学研究对象主要是经过人类有意识加工的。有时一些自然物虽未经人类加工，但与人类活动有关，并能反映人类的活动，

古代遗物

如农作物、家畜、渔猎品、采集品等,也属考古学研究范围,但对其详细研究工作却须由生物学家、古生物学家按照自然科学方法进行工作的问题了。

考古学属于人文科学或社会科学中历史科学的一部分,在欧美虽有时包括在广义的人类学中,但它绝不属自然科学。但这并不排斥在考古学研究中尽量采用自然科学知识和技术方法或和有关的自然科学工作者合作进行考古研究。

3.古生物学作为生物科学的组成部分,属于自然科学。它研究的对象中包括现代人和猿人在内的一切生物。人类化石自然是古生物学家或专门的古人类学家研究的对象。如上述,人类化石遗址中,往往有石器。因此,部分古人类学家同时也进行旧石器的研究。

因此,考古学与古生物学(或古人类学)是不相统属的两门学科。考古学研究 200万年以内的人类活动遗存(重点是1万年以内的)。古生物学研究的是至1万年以前生活过的一切生物(包括人类)自身,当然是通过其所形成的化石。二者在200万年间互有重叠,但其着眼点有极大的差别。

我国古代关于化石的记载

中国古籍中早已有关于化石的记载，如春秋时代的计然和三国时代的吴晋，都曾提到山西省产"龙骨"，"龙骨"即古代脊椎动物的骨骼和牙齿的化石；《山海经》也有"石鱼"（即鱼化石）的记述；南朝齐梁时期陶弘景有对琥珀中古昆虫的记述；宋朝沈括对螺蚌化石和杜绾对鱼化石的起源已有了正确认识。

精卫填海

27

● 化石技术

古生物化石鉴定 ＞

古生物化石鉴定即确定化石的分类阶元和名称。化石是古生物学的研究对象。化石大多是古代生物的遗体、遗迹或遗物，如硬体组织、身体局部印痕、某些器官及排泄物等经过石化作用的产物。一般仅保存其形态特征。所以，古生物化石的鉴定是以形态为主要依据。在有些门类中，高级分类阶元是按自然系统划分的，而低级的分类，无法按照自然系统进行，就要依据化石的种类、形态等进行鉴别，定立一些形态或器官的种、

属，甚至科，如：牙形刺、植物孢粉、足迹等。

各门类古生物化石的具体鉴定方法不尽相同，但一般都要经过下述步骤：①熟悉标本外部形态和内部构造，对大化石的细微构造或微体化石，一般需要借助实体镜、显微镜或电子显微镜进行观察。有时要将化石做连续切片，以便了解其内部构造特征；②利用所具有的知识并查阅有关文献，确定较大的分类阶元，一般定到科；③利用检索表、图版等文献

资料，将标本进一步检索到属、种；④选择有代表性的种群标本或典型的单个标本进行特征描记，度量各种性状要素及照相。

鉴定化石标本时，主要借助某一类别或某一地层层位中发现的化石的有关专著，并查阅专著出版后发表的有关论文。鉴定人员在进行正确、全面的资料查阅对比后，发现所要鉴定的化石与文献中所描记的某一生物化石完全相同，就可以将该化石归在同一名称之下。如果没有发现相同的特征记述，就可以这批标本为基础，建立新种、新属等新的分类，并给予适当的名称。建立新种的标本称为模式标本，据此命名一个属的种，称为模式种（或属形种、属型）。同样，还有模式属等。

由于种以种群为单位生活，其中存在着连续的个体变异。然而模式标本往往只是某个物种首次发现的标本，不一定全面地反映该种的特征。在这个概念指导下，没有一个个体是种群性状的"典型"。在鉴定物种时，要尽可能多地、全面地采集标本，使得这些标本能大体反映真正种群的总面貌，然后，用各种统计方法来区分种间变异和种群内变异，从而达到鉴定物种的目的。

标本鉴定以后，要进行记述。一个古生物种的完备记述，按顺序包括下列各项：学名、图版、同异名录、模式（种群）标本的编号和保存地点、鉴定要点、描述、度量及其他数据资料讨论、产地和层位。

化石标本保护技术 〉

化石标本保护技术主要有以下几种方法：

1.加固。由于化石的化学成分、细胞结构和化石保存地层的岩性及风化程度不同，需进行的加固处理也不同。通常海相化石的围岩较坚硬，石化程度较高，一般不需进行复杂的加固措施。加固工作主要是对那些比较酥软、易破碎、抗风化能力差的陆相动植物化石而言。尽管这些化石标本，在野外采集和科学鉴定、研究时都有不同程度的加固措施，但为了能适应博物馆永久保存的要求，在陈列和收藏前再重新给予加固仍是必要的。

化石标本加固方法是进行渗透和黏合，通过化石毛细孔和裂缝向其内部渗透加固液、黏合剂和溶剂的混合液。使用工具通常有刷子、滴管、喷枪和真空泵等。但主要方式是完全浸泡。要使加固液深深地浸入到标本内部，等溶剂挥发后才能获得最好的加固效果。加固液最适宜的浓度，应是黏度最大而又具备所要求的渗透力。但由于化石的孔隙度和吸收性能各不相同，故如何掌握黏合剂和溶剂之间的最佳比例也就不同。为了达到理想的加固效果，不同的标本需要加固的次数也是不相同的，但不论加固多少次，都必须在前次的加固液干了之后再进行。同时最好使用同前次一样的黏合剂、溶剂和配制比例。随着技术的发展，某些以前用过的黏合剂可能已被淘汰，如采用新的黏合剂，须将标本中老的材料清除掉，以便新的黏合剂能充分发挥作用。必须指出，目前采用各种化学试剂加固标本的着眼点主要在于保存化石的外貌和完整，因此，每次加固的时间，所用试剂和方法等都应有详细的记录，以备

后人查用。

2.防尘。在现代社会中空气污染严重,二氧化碳、二氧化硫等有害气体无孔不入,加上尘埃中混有的煤屑、烟渣、金属粉末、花粉和沙土等,不仅影响卫生,给参观和研究标本带来不便,而且在一定的温、湿度条件下还会使化石受到腐蚀。所以除了在兴建博物馆时要考虑周围环境,以及内部防尘处理、安装空调设备等外,最重要的是加强陈列柜及标本柜的密封措施。可用硅橡胶或聚氨脂将所有接缝粘接, 用氯丁橡胶条作柜门垫料。定期测量飘尘情况, 及时采取有效防尘措施。此外, 凡是化石标本停留的地方,如加固修理室、照相室等,都要确保清洁。

3.防光。光线中的红外线能导致标本表面温度升高,湿度下降,使化石内部的应力发生变化,促使风化作用加快。紫外线有光化和光解作用,尤其对高分子材料组成的加固剂有强烈的破坏作用。同时任何可见光都对物质的色彩有损害(紫外线更甚)。所以有条件的博物馆陈列室应隔绝自然光,采用能排除红外线和紫外线的照明。没有红外线的冷光灯现在已被大量应用,紫外线的防止一般采用涂有吸收紫外线材料的灯罩或防紫外线的有机玻璃、玻璃,或在普通玻璃上涂防紫外线的透明树脂。

4.防潮。湿度的过高或过低都对化石标本保存不利。潮湿还可使尘土、光线和微生物对标本的危害加剧。同时湿度的控制是同温度的影响密不可分的, 所以要根据不同的具体情况掌握适当的温度、湿度标准,这一点在修建陈列室和库房时就要考虑到。另外在某些标本柜中放置干燥剂(如无水氯化钙、硅胶、生石灰等)也是必要的。

31

如何收集化石 〉

收集化石是一项能激发智力的爱好，但这爱好如果没有好的设备便无法实现。如果没有适当的挖掘化石工具，还不如让化石保留原处，那样很可能破坏有价值的科学发现。灌注石膏的设备也很需要，可以保护易碎的化石。先将化石周围清理干净，使其尽可能暴露，然后用多层隔物湿纸或强力薄膜把它包起来，再用石膏带裹起，等石膏干后，就可把化石从岩石的表面取出，然后在化石的另一面作同样的处理。安全第一：安全帽、护目镜和手套必不可少。在你出发之前，不妨向其他收集者详细咨询目的地的情况，以确定所需要的工具。

⊠ 安全设备

岩石尖锐而危险。如果在较高岩面附近采集时，安全帽是必不可少的。护目镜能保护你的眼睛免遭灰尘和石块击伤，手套可以保护你的手。

⊠ 地图与指南针

地质地图和指南针有助于发观化石的位置，用长卷尺测量可发现化石的河床水平面。

⊠ 笔记本与照相机

将现场记录，诸如位置、岩石类型和所见的化石用防水墨水记录在硬皮本中；照片能证明其珍贵性。

⊠ 野外工具

把化石从坚硬的岩石里取出必须用结实的木棰、带护手的凿子和尖头地质锤，对大多数岩石都派得上用场。软沉积岩最后则用镘刀或铲子来对付。

⊠ 筛

用筛把化石与泥沙和碎石分开。通常用 1 或 2 个不同大小的筛眼以防止筛掉较小的。

⊠ 石膏

把化石从岩石取出前用石膏带把易碎的化石保护起来以免破碎。

⊠ 铲子

在软沉积岩诸如沙、淤泥和陶土里清理化石四周时，窄锋铲比一般的地质锤更有用。

⊠ 刷子

挖掘化石的时候需要用羊毛刷子去除化石上面的细土或杂物。

33

● 从化石看过去

进化证据 >

古生物学是以生物化石为基础，以生物亲缘关系为对象的一种研究。当生物个体死亡之后，它的尸体通常会经由微生物分解而腐化，使得生存痕迹消失。但有时候这些遗迹可能会因为某些因素而被保存。只要是来自古代生物造成的痕迹，或是生物体本身，都可以称为化石。化石对于了解生物演化历程而言相当重要，因为化石是较为直接的证据，且带有许多详细的资讯。在化石形成过程中，生物体外的痕迹由于快速地受到掩埋，因此不会发生风化与分解的情形。而较为常见的化石，则通常源自骨骼或外壳等坚硬部位，并经由类似铸模的过程形成。坚硬的骨骼在动物死亡之后，会因为有机物的腐败而产生一些漏洞。将骨骼掩埋的沙石或矿物中，则会经由这些漏洞侵入骨骼内部，并将其填满。这种过程称为置换作用，属于形体的保留，而不是生物体本身的保留。也有一些化石是生物体本身，例如被冰冻的猛犸象、琥珀里的昆虫。此外，古代动物的脚印，或是植物在地底下因为温度与压力的作用而碳化，都可称为化石。

不同时代的生物化石，会出现在不同的地层中，如此便能够研究古生物之间，以及它们与现代生物之间的关系。"失落的环节"指演化过程可能出现过，却尚未发现的物种；而连接两个物种之间的化石，则称为"过渡化石"。例如可能位在鸟类与恐龙中间的始祖鸟化石；以及近年发现的一种具有四肢的大型浅水鱼，可能是鱼类与两栖类的过渡化石。

化石纪录对于古生物的研究有所限制，因为形成化石并不容易。举例而言，软体动物身上并没有太多能够形成化石的部分，还有一些生物生存在难以形成化石的环境当中。即使化石形成之后，也有可能因为某些原因被摧毁，使得大多数化石皆是零散的状态，只有少数化石能够保持完整。而当演化上的改变在族群当中只占有少部分，或是环境变化使族群规模缩小，都会使它们形成化石的几率相对较小。此外，化石几乎无法用来研究生物内部器官构造和机制。

在进化过程中，有许多关键性的生物分化，配合地质时间与进化历程，能够归纳出进化时间表。目前已知的化石纪录中，最早的生命遗迹出现在约38亿年前，原核单细胞生物则出现在33亿年前。到了22亿年前，才出现最早的

真核单细胞生物，如蓝绿菌。6亿年前藻类与软体无脊椎动物出现。再此之前的年代称为前寒武纪。

古生代是由5.43亿年前到5.1亿年前所发生的寒武纪大爆发开始，此时大多数现代动物在分类上的门已经出现。之后海中藻类大量出现，而且植物与节肢动物开始登上陆地。最早的维管束植物在4.39亿到4.09亿年前出现。接着是硬骨鱼类、两栖类与昆虫的出现。3.63亿年前到2.9亿年前，维管束植物开始发展成大型森林，同时最早的种子植物与爬虫类出现，并由两栖类支配地球。最后爬虫类开始发展，并分化出类似哺乳类的爬虫

类，随后发生二叠纪灭绝事件，古生代结束。

中生代开始于2.45亿年前，这时以恐龙为主的爬虫类与裸子植物逐渐支配地球。1.44亿年前到6500万年前，开花植物出现，最后中生代结束于白垩纪灭绝事件。

6500万年前之后则称为新生代，哺乳类、鸟类与能够为开花植物授粉的昆虫开始发展。开花植物与哺乳动物在这段时间取代了裸子植物与爬虫类，成为支配地球的生物。

物种灭绝 〉

在地球历史上，物种灭绝曾经多次出现。灭绝的走兽，特别是那些一度在地球上四处游荡的恐龙和其他庞大的野兽。它们遗留的化石使人们目瞪口呆。达尔文在南美洲发掘出几个"灭绝怪物"的化石。他在《物种起源》中写道："我想恐怕再也没有人比我对物种灭绝更加惊奇了。"

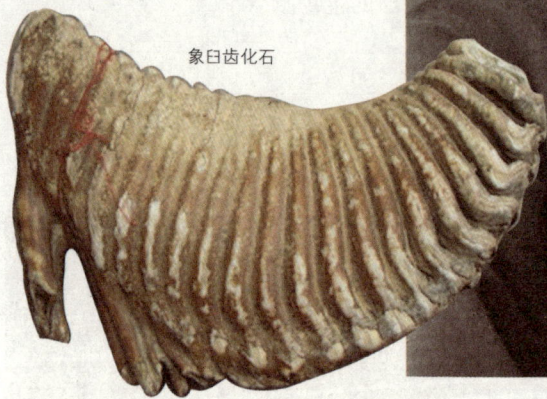

象臼齿化石

达尔文

⊠ 灭绝进程

部分科学家认为，物种灭绝一直是生命进程中的一部分。芝加哥大学古生物学家大卫·劳普估计，以往存活物种的99%现在已经灭绝。20世纪80年代，劳普和同事杰克·塞普科普斯基详细深入地研究化石记录后，公布了对物种灭绝"背景"比率的研究结果，即有机体在地球生命史中灭绝的正常比例。化石记录表明，物种至少经历了5次大消亡或者大灭绝，从地质学角度来看，在极短的时间内，灭绝的比例急剧地上升。根据劳普的研究，规模最大的物种灭绝发生在大约2.25亿—2.45亿年以前，消亡的物种竟占存活物种的96%之多。所有物种的3/4，包括最后一代恐龙，在 0.65 亿年前的大灭绝中消失。对于这些大灭绝、科学家们提出了许多理论。有些科学家认为，起因是当大陆板块从热带向极地漂移时全球气候发生的变化。还有一些科学家宣称，大规模的小行星群或者彗星群与地球相撞，产生世界范围的尘云，遮住了阳光，致使气温下降，导致了物种大灭绝。地质学家和古鸟类学家仍然在为这些和其他一些理论找证据。物种灭绝和物种进化关系密切。达尔文发现，关于物种和生命形式更替阶段之间的关系，灭绝物种的化石是绝妙的解释。达尔文还意识到，新物种的产生与现存物种的消亡密切相关。关于物种灭绝以及它在物种形式（新物种的形成）中的作用，进化论生物学家不断提供全新的思想。富有影响的思想之一来自哈佛大学的斯蒂芬·杰伊·古尔德和美国自然历史博物馆的奈尔斯·埃尔德雷德。他们的断续性平衡理论认为，物种进化过程中，每隔一段较长时期的稳定，就会有短期的急剧变化；其时某些物种灭绝，某些新物种出现。也就是说，在大约几百万年的时间里，一定数量的物种灭绝后，剧变就会发生，物种灭绝为新物种提供足够的进化空间。

地球正处于另一次物种大消亡中，小行星绝不是此次灭绝的原因。当代的大灭绝是非常完善的物种——智人（现代人的学名）活动的结果。由于生境破坏、环境污染、现代工业的恶果、迅速的人口增长，致使每天都有几十种动植物灭绝。

化石的心事

☒ 前5次灭绝自然而为

自从 6 亿年前多细胞生物在地球上诞生以来，物种大灭绝现象已经发生过 5 次。

地球第一次物种大灭绝发生在距今 4.4 亿年前的奥陶纪末期，大约有 85% 的物种灭绝。

在距今约 3.65 亿年前的泥盆纪后期，发生了第二次物种大灭绝，海洋生物遭到重创。

而发生在距今约 2.4 亿年前二叠纪末期的第三次物种大灭绝，是地球史上最大最严重的一次，估计地球上有 96% 的物种灭绝，其中 90% 的海洋生物和 70% 的

陆地脊椎动物灭绝。三叠纪始于距今 2.5 亿年至 2.03 亿年，延续了约 5000 万年。是中生代的第一个纪。它位于二叠纪和侏罗纪之间，海西运动以后，许多地槽转化为山系，陆地面积扩大，地台区产生了一些内陆盆地。这种新的古地理条件导致沉积相及生物界的变化。三叠纪是古生代生物群消亡后现代生物群开始形成的过渡时期。三叠纪早期植物面貌多为一些耐旱的类型，随着气候由半干热、干热向温湿转变，植物趋向繁茂，低丘缓坡则分布有和现代相似的常绿树，如松、苏铁等，而盛

泥盆纪化石

40

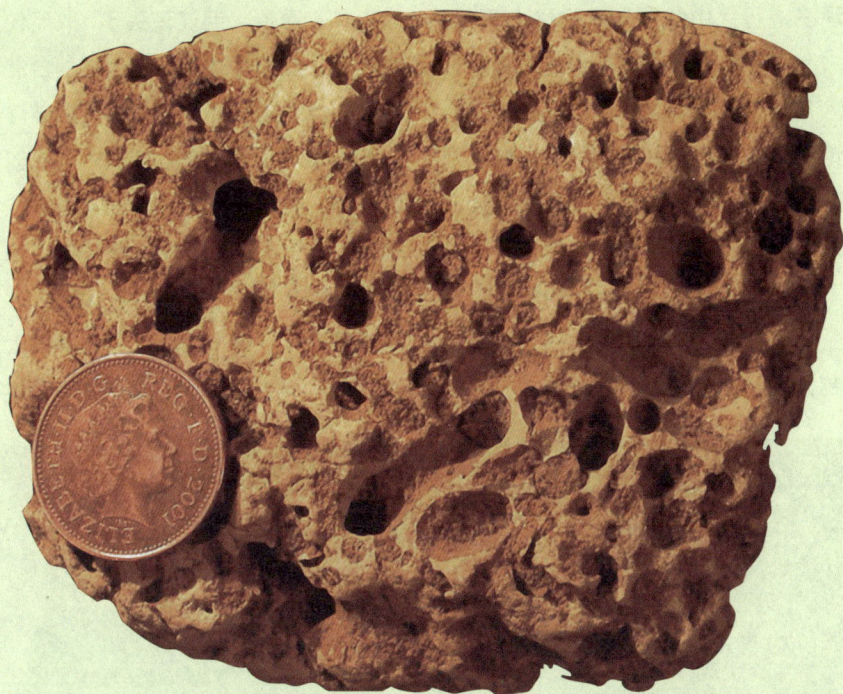

白垩纪化石，化石中的孔是鹅卵石留下的痕迹

产于古生代的主要植物群几乎全部灭绝。三叠纪时，脊椎动物得到了进一步的发展。其中，槽齿类爬行动物出现，并从它发展出最早的恐龙，三叠纪晚期，蜥臀目和鸟臀目都已有不少种类，恐龙已经是种类繁多的一个类群了，在生态系统占据了重要地位。因此，三叠纪也被称为"恐龙世代前的黎明"。与此同时，从兽孔类爬行动物中演化出了最早的哺乳动物——似哺乳爬行动物，但是，在随后从侏罗纪到白垩纪长达1亿多年的漫长岁月里，这批生不逢时的哺乳动物一直生活在以恐龙为主的爬行动物的阴影之下，直到新生代才成为地球的主宰。

第四次发生在1.85亿年前，80%的爬行动物灭绝了。

第五次发生在6500万年前的白垩纪，也是为大家所熟知的一次，统治地球达1.6亿年的恐龙灭绝了。

前5次物种大灭绝事件，主要是由于地质灾难和气候变化造成的。例如，第一次物种大灭绝是由全球气候变冷造成的，发生在白垩纪末期的那次则是因为小行星撞击地球导致全球生态系统的崩溃。

41

⊠ 第6次灭绝人是祸首

现在进行之中的第六次物种大灭绝，人类成为罪魁祸首。专家认为，人类是否会列入其中也很难说。有人也不否认，从进化论的角度来看，物种灭绝本是自然规律，比如大熊猫种群目前就处于一种衰退的状态。但是自从人类出现以后，特别是工业革命以来，地球人口不断地增加，需要的生活资料越来越多，人类的活动范围越来越大，对自然的干扰越来越多。大批的森林、草原、河流消失了，取而代之的是公路、农田、水库……生物的自然栖息地被人类活动的痕迹割裂得支离破碎。"每一条道路对于动物来说都是一道难以逾越的屏障，就连分布在道路两边的蝴蝶种群都产生了隔离，不再像以前那样飞来飞去进行基因交流。"有专家痛心地说："更不用说藏羚羊、狮子、老虎等这样的大型动物了。"有科学家估计，如果没有人类的干

石油污染导致鸟类死亡

据化石记录，每次物种大灭绝之后，取而代之的是一些全新的高级类群。恐龙灭绝之后哺乳动物迅速繁衍就是一个典型例子。生物总是在不断地进化之中，我们现在看到的这些生物都是经过漫长年代进化而来的。所以，新物种的产生需要很长时间和大量空间，但是现在到处都在人的管理下，自然环境越来越差，生物失去了自然进化的环境和条件，物种在不断地自然死亡，却很难有新的物种产生。就像虎一样，如果给它足够的生存空间，让它自由地捕猎，它可能还会进化，产生一种类似虎的新物种，但是现在活动的空间有限，它要生存下来都很难，就不用说进化了。地球表层，是由动物、植物、微生物等所有有生命的物种和它们赖以生存的环境组成的一个巨大的生物圈，人类也是其中一员。大量生物在第六次物种大灭绝中消失，却很难像前5次那样产生新的物种，地球生态系统远比想象的脆弱，当它损害到一定程度时，就会导致人类赖以生存的体系崩溃。

扰，在过去的2亿年中，平均大约每100年有90种脊椎动物灭绝，平均每27年有一个高等植物灭绝。但是因为人类的干扰，使鸟类和哺乳类动物灭绝的速度提高了100~1000倍。美国杜克大学著名生物学家斯图亚特·皮姆认为，如果物种以这样的速度减少下去，到2050年，目前的1/4到一半的物种将会灭绝或濒临灭绝。

现有的物种在不断走向衰亡，新的物种却很难产生。根

化石的心事

▣ 灭绝预计

▣ 高山生物

高山生物幸存机会大。根据科学家们的研究结果，那些生活在高山地区的生物物种幸存下来的可能性要比其他地区的大一些，因为这一地区的物种在全球气候变暖时，可以向更高也更凉爽的地区转移。那些生活在地势平缓地区的生物，比如在巴西、墨西哥和澳大利亚的生物，它们未来的生存环境将非常脆弱。这些地区的生物要想适应变化了的气候和环境，只能向千里以外的地区转移，而这几乎就是不可能实现的。

▣ 鸟类物种

鸟类最有希望生存。而鸟类靠着强有力的迁徙能力在理论上是最有希望幸存下来的物种之一。为了找到更适于生存的地区，鸟类可以长途飞行，但是由于森林和其他自然条件的恶化，它们并不一定能够找到真正适合生存的自然环境。其结果就是只能面对死亡。

▣ 蝴蝶昆虫

科学家们的另一些惊人的发现是，在澳大利亚被纳入研究的 24 种蝴蝶中，有一半将在未来的岁月中永远消失。而在南

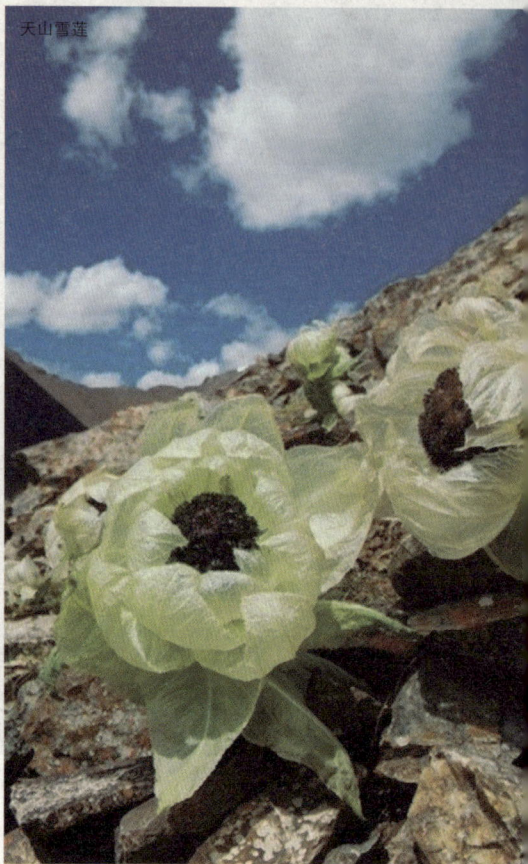

天山雪莲

非主要生物保护区内，受保护的 60% 的生物物种有灭绝的危险。在占巴西总面积 1/5 的巴西中西部热带草原地区，研究显示，在该地区的 163 种树木中将有 70% 以上的树种灭绝。其中很多植物是该地区特有的稀有品种。

▣ 欧洲地区

欧洲受影响最小。欧洲是自然环境受全球气候变化影响最小的地区。该地区的动植物生存几率要大于世界其他地区的动植物。但即便如此，在气候变暖的影响下，

HUA SHI DE XIN SHI

44

欧洲地区 1/4 的鸟类和 11%~17% 的植物也将在未来逐渐灭绝。在墨西哥的研究表明，平原和干旱地区的动植物受气候变暖影响最大。一旦气候有一丝的变化，这些动植物就需要迁移至很远的地区才能找到适宜生存的新环境。在该地区接受研究的 1870 种动植物种，1/3 将在未来出现生存危机。

每小时3个物种灭绝

把调查到的英国蝴蝶情况推及英国其他昆虫，及整个地球上的无脊椎动物，那我们显然正在遭遇一场严重的生物多样性危机。据统计，全世界每天有 75 个物种灭绝，每小时有 3 个物种灭绝。

物种是指个体间能相互交配而产生可育后代的自然群体。已经灭绝的物种是指在过去的 50 年里在野外没有被肯定地发现的物种。自工业革命以来，地球上已有冰岛大海雀、北美旅鸽、南非斑驴、印尼巴厘虎、大洋洲袋狼、直隶猕猴、高鼻羚羊、普氏野马、台湾云豹等物种不复存在。世界自然保护联盟发布的《受威胁物种红色名录》表明，目前，世界上还有 1/4 的哺乳动物、1200 多种鸟类以及 3 万多种植物面临灭绝的危险。

地质年代 >

地质年代就是指地球上各种地质事件发生的时代。它包含两方面含义：其一是指各地质事件发生的先后顺序，称为相对地质年代；其二是指各地质事件发生的距今年龄，由于主要是运用同位素技术，称为同位素地质年龄（绝对地质年代）。这两方面结合，才构成对地质事件及地球、地壳演变时代的完整认识，地质年代表正是在此基础上建立起来的。

相对地质年代是指岩石和地层之间的相对新老关系和它们的时代顺序。地质学家和古生物学家根据地层自然形成的先后顺序，将地层分为5代12纪。即早期的太古代和元古代（元古代在中国含有1个震旦纪），以后的古生代、中生代和新生代。古生代分为寒武纪、奥陶纪、志留纪、泥盆纪、石炭纪和二叠纪，共6个纪；中生代分为三叠纪、侏罗纪和白垩纪，共3个纪；新生代只有第三纪、第四纪两个纪。在各个不同时期的地层里，大都保存有古代动、植物的标准化石。各类动、植物化石出现的早晚是有一定顺序的，越是低等的，出现得越早，越是高等的，出现得越晚。绝对年龄是根据测出

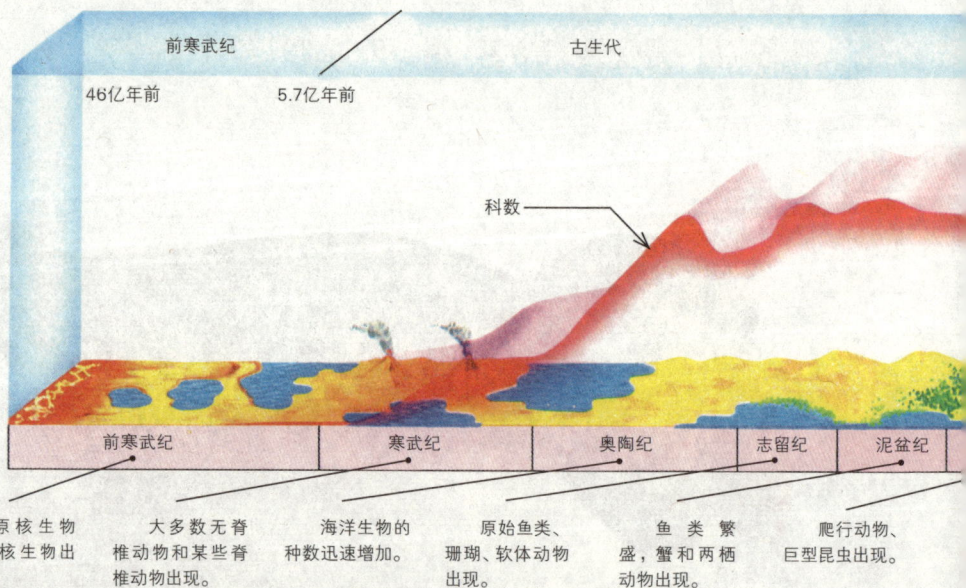

前寒武纪　　　　　　　　古生代

46亿年前　　　5.7亿年前

科数

前寒武纪	寒武纪	奥陶纪	志留纪	泥盆纪
原核生物与真核生物出现。	大多数无脊椎动物和某些脊椎动物出现。	海洋生物的种数迅速增加。	原始鱼类、珊瑚、软体动物出现。	鱼类繁盛，蟹和两栖动物出现。	爬行动物、巨型昆虫出现。

岩石中某种放射性元素及其蜕变产物的含量而计算出岩石的生成后距今的实际年数。越是老的岩石，地层距今的年数越长。每个地质年代单位应为开始于距今多少年前，结束于距今多少年前，这样便可计算出共延续多少年。例如，中生代始于距今2.4亿年前，止于6600万年前，延续1.6亿年。

按地层的年龄将地球的年龄划分成一些单位，这样可便于人们进行地球和生命演化的表述。人们习惯于以生物的情况来划分，这样就把整个46亿年划成两个大的单元，那些看不到或者很难见到生物的时代被称作隐生宙，而将可看到一定量生命以后的时代称作显生宙。隐生宙的上限为地球的起源，其下限年代却不是一个绝对准确的数字，一般说来可推至6亿年前，也有推至5.7亿年前的。从6亿或5.7亿年以后到现在就被称作显生宙。

绝对地质年代指通过对岩石中放射性同位素含量的测定，根据其衰变规律而计算出该岩石的年龄。绝对地质年代是以绝对的天文单位"年"来表达地质时间的方法，绝对地质年代学可以用来确定地质事件发生、延续和结束的时

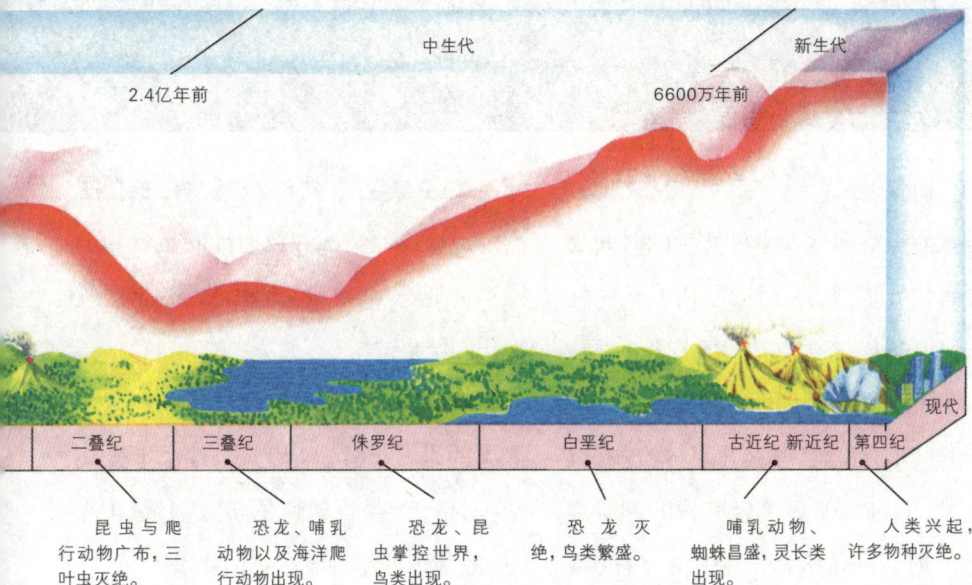

中生代　2.4亿年前　　　　新生代　6600万年前　　　现代

二叠纪	三叠纪	侏罗纪	白垩纪	古近纪 新近纪	第四纪
昆虫与爬行动物广布，三叶虫灭绝。	恐龙、哺乳动物以及海洋爬行动物出现。	恐龙、昆虫掌控世界，鸟类出现。	恐龙灭绝，鸟类繁盛。	哺乳动物、蜘蛛昌盛，灵长类出现。	人类兴起，许多物种灭绝。

月岩

间。在人类找到合适的定年方法之前，对地球的年龄和地质事件发生的时间更多含有估计的成分。诸如采用季节—气候法、沉积法、古生物法、海水含盐度法等，利用这些方法不同的学者会得到的不同的结果，和地球的实际年龄也有很大差别。目前较常见也较准确的测年方法是放射性同位素法。其中主要有U—Pb法、钾—氩法、氩—氩法、Rb—Sr法、Sm—Nd法、碳法、裂变径迹法等，根据所测定地质体的情况和放射性同位素的不同半衰期选用合适的方法可以获得比较理想的结果。

利用放射性同位素所获得的地球上最大的岩石年龄为45亿年，月岩年龄46亿~47亿年，陨石年龄在46亿~47亿年之间。故地球的年龄应在46亿年以上。

宙下被划分为一些代。通常的分法

有：太古代、元古代、古生代、中生代、新生代五个代。太古代一般指的是地球形成及化学进化时期，可以是从46亿年前到38亿年前或34亿年前，这个数字之所以有数以亿计的年数之差，是因为我们目前所能掌握的最古老的生命或生命痕迹还有许多的不确定因素。元古代紧接在太古代之后，其下限一般定在前寒武纪生命大爆发之前，这个时期目前在5.7亿到6亿年前。太古代和元古代这两个名称是1863年由美国人洛冈命名的，他命名的意思是指生物界太古老和生物界次古老。自寒武纪后到2.3亿年前这段时间为古生代，这个名称由英国人赛德维克制定。从2.3亿年前到0.65亿年前为中生代，从0.65亿年后到现在为新生代。这两个代均由英国人费利普斯于1841年命名，取意分别为生物界中等古老和生物界接近现代。

陨石

Canyon Diablo Meteorite

49

化石顺序律 >

根据不同层位中所含化石及其出现顺序来确定地层相对地质年代的原理。这一原理是法国J·L·吉罗·苏拉威于1777年首先发现的,但当时没有引起人们应有的重视。1796年,英国的W·史密斯独自提出"每一岩层都含有其特殊的化石,根据化石可以鉴定地层顺序"的论断。在不同层位的岩层中含有不同化石;而在不同地区含有相同化石的地层,则属于同一时代。化石顺序律为地层学的基本原理。它揭示了生物进化的不可逆性和阶段性,是生物地层学的基础。

50

● 曾经的故事

棘皮动物门 >

棘皮动物门是动物的一个门，从寒武纪出现，总共有20 000多种类。现存的7000物种分为6纲。棘皮动物是后口动物。它们的原肠胚孔形成肛门，而口部是后来形成的。它们有特殊的五体对称栎管结构。由于棘皮动物的胚胎形成方式和脊索动物一样，所以它们虽然看起来原始，但实际上是包括人在内的脊索动物的近亲。刚出生的棘皮动物是两边对称的。生长期间，左边增大而右边缩小，直到叠边被完全吸收了，然后这一边长成五放辐射形对称形状。

棘皮动物的内骨骼多为一球形、梨形、瓶形、薄饼形或星形的钙质壳，壳由许多骨板组成。壳上有口、肛门、水孔等。并有5条自口向外辐射对称排列的步带，步带之间为间步带。有的且有由许多骨板组成的茎及腕。壳及茎等均易保存化石。

☒ 外部形态

外形最显著的特征是成体为五放辐射形对称，身体分为有管足的辐部或步带，和无管足的间辐部或间步带。辐射对称通常由管足的排列呈现出来。一些内部器官，如水管系、神经系、血系和生殖系也为辐射对称，唯消化系例外。由于辐射对称，身体有口面和反口面之分。

棘皮动物的骨骼十分发育。海胆的骨骼最为发达，骨板密切愈合成壳；海星、蛇尾和海百合的腕骨板形成椎骨状；海参骨骼最不发达，为微小的骨针或骨片，埋于表皮之下。骨骼外包表皮，皮上一般都带棘，海胆和海星则有变形而成的球棘和叉棘。

⊠ 内部特征

　　棘皮动物的体腔发达。在胚胎期体腔由肠腔形成，成体期时体腔主要被消化道和生殖腺占据。

　　水管系是本类动物特有的，也是最重要的器官。它由体腔的一部分——水腔演变而成。不论移动、摄食、呼吸、感觉都靠它来完成。典型的水管系自筛板经石管，通到围绕口部的环管和伸至辐部的辐管。辐管有小分枝分到管足。管足是肌肉性的囊状构造。海水由筛板进入水管系，借管足的伸缩移动身体。

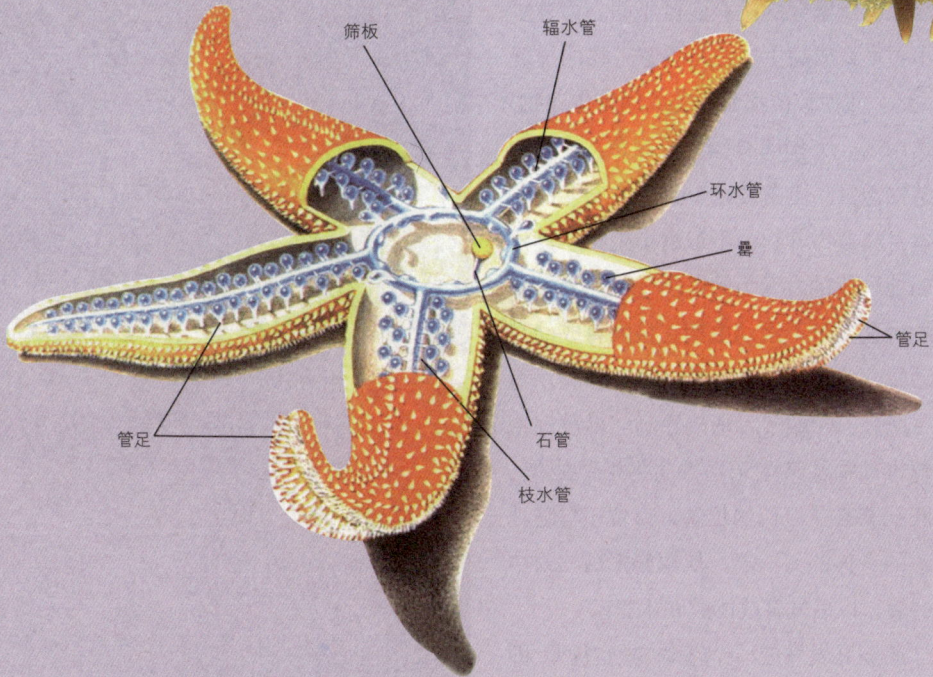

海星的水管系统

　筛板　　辐水管　　环水管　　罍　　管足　　管足　　石管　　枝水管

▧ 生活习性

骨骼由无数碳酸钙骨片组成，可作很好的指示化石。体腔的一部分形成水管系，内充满液体，向体表外伸出像触手样的构造，有运动、取食、呼吸和感受刺激的作用。现存种呈明显五辐射对称外观，掩盖了其两侧对称的基本体形。棘皮动物的形状、大小和颜色很不同，有的呈鲜红、橙、绿和紫色。小的数厘米，大的如海参有长2米的，海星直径有达1米的。海百合化石最大，长度超过20米。

多数种类雌雄异体，一般有性生殖。精子和卵排入水中受精。生殖季节多数在春夏季，持续一或两个月，但有几种能全年繁殖。受精卵的发育途径不同。卵黄少的小卵发育成幼虫，成为浮游生物的一部分，经一段时期的摄食，变成幼棘皮动物，定居水底。大型卵有较多的卵黄，发育为浮游性幼虫，但在最终变为幼棘皮动物前以本身卵黄为养料，不取食小生物。具浮游功能阶段的发育为间接发育。含大量卵黄的大型卵可不经幼虫期直接发育成幼棘皮动物，为直接发育。卵经多次分裂发育为原肠胚，一端凹入形成原肠。棘皮动物与脊椎动物及某些无脊椎动物相似处为：其胚孔将来是肛门的位置，口位于与胚孔相对的身体的另一端。从原肠形成一对中空的囊，以后发育成体腔和水管系。

原肠胚发育成一个基本的幼虫型，即两侧对称的两侧囊幼虫。在身体两侧、口和肛门的前方有一条纤毛带。各纲棘皮动物的幼虫（耳状幼虫、羽腕幼虫和长腕幼虫）都是这一基本型的变形。海参对称幼虫的纤毛带像人耳，故名耳状幼虫。海星的对称幼虫为羽腕幼虫，它有两条纤毛带，一条在口前方，另一条在口后方，并围绕身体的边缘。海胆和蛇尾的幼虫较高等而复杂，形状近似，统称长腕幼虫，像

倒置的画架。海胆（长腕）幼虫和蛇尾（长腕）幼虫通常有 4 对腕。海百合无两侧囊体期，有一樽形幼虫。其他类群也可能有樽型幼虫，例如海参的耳状幼虫后有樽形幼虫发育期；但有些种类无此幼虫。大多数幼虫小，不超过 1 厘米长，但海参 (sea cucumber) 幼虫有的长 15 厘米，某些海星的羽腕幼虫可超过 25 厘米。经数天到数周的浮游生活，幼虫经复杂的变态，最

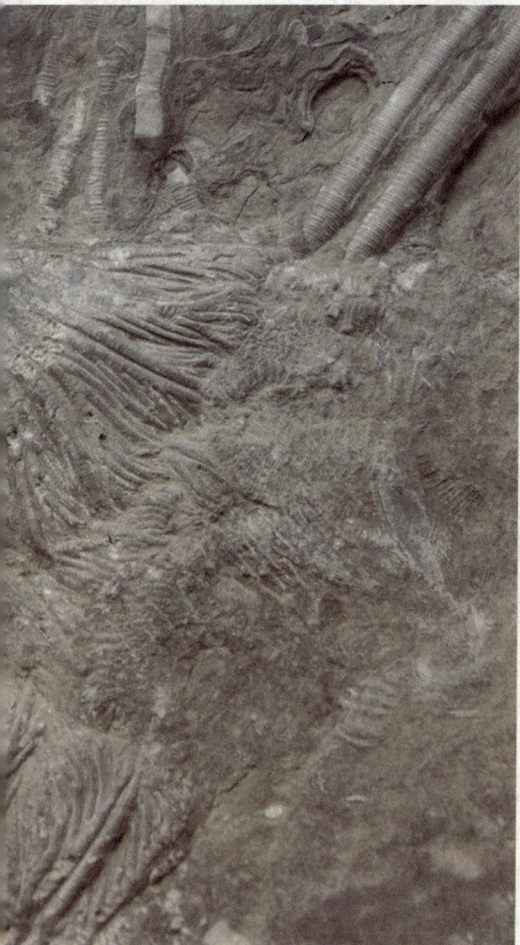

后形成幼棘皮动物。由于形成 5 条水管，辐射对称取代了两侧对称。海百合和海星的幼虫在变态前先附到水底，而海参、海胆和蛇尾，在浮游生活时变态，形成幼棘皮动物后才沉到海底。平均寿命约 4 年，有的长达 8~12 年。生长率多取决于食物的多少和水的温度。

棘皮动物再生能力强，海星只要体盘连着一条腕就能长成新个体。某些海参在受攻击或环境不好时，能驱出其内部器官，数周内长出新内脏。海百合用腕沟中管足产生的黏液网捕食浮游生物。腕张开，对着水流，小动物由于纤毛和管足的运动顺沟送入口内。海星纲的许多种类有掠食性，捕捉贝类，甚至其他海星；另有些种类吞食泥沙。有的取食时胃翻出，包住食物进行部分体外消化，再缩回到体内消化。大多数蛇尾取食浮游的或底栖的小生物，由腕和管足捕捉，送入口内。腕分支十分复杂的蛇尾的取食情况可能类似海百合。

最原始的所谓正形海胆杂食或植食性，它们坚硬的齿从石上刮食藻类或其他小生物，或吃海草。较高等的海胆无齿，穴居，以刺和管足把小生物送入口内。有些海参附在表层，以分支的黏触手捕食浮游生物，有的从海底寻食，用触手送入口内。许多海参吞食泥沙，消化有机质。棘皮动物身体的外层细胞至少可以从溶解在海水中的有机质获得相当数量的营养物。

繁殖发育

　　棘皮动物多为雌雄异体，雌雄体在外形上无区别。生殖细胞释放到海水中受精。幼体在发生之初形状相同，在水中浮游，呈两侧对称（与成体完全不同），以后形状则随纲而异，发育成 4 种不同类型的幼体：耳状幼体（海参），羽腕幼体（海星），蛇尾幼体和海胆幼体。海百合幼体呈桶形，与浮游纽鳃类的海樽十分相似，为樽形幼体。

从棘皮动物看物种演化

俄国梅契尼柯夫在1881年指出，棘皮动物幼体和肠鳃类幼体十分相似。因此，他认为这两类动物有亲缘关系，并把棘皮动物同肠鳃类合为水腔动物门。美国 H·B·费尔 (1948) 认为：幼体相似可能是进化过程中一种趋同现象；幼体相异可能是进化过程中一种趋异现象。从现生幼体相似性来看，海参和海星相近，海胆和蛇尾相近。但是，从古生物和形态角度来看，却是海星和蛇尾相近，海参和海胆相近。因此，费尔认为根据幼体相似性推论棘皮动物和肠鳃动物有亲缘关系难以接受。从生化成分看，却又是海参和海星、海胆和蛇尾相近。

英国 R·P·S·杰弗里斯（1979—1982）在寒武纪到中泥盆纪的海相地层中，发现原始的脊索动物化石，称为"钙质脊索动物"。其形态介于棘皮动物和脊索动物之间，既有棘皮动物形式的钙质骨骼，又具有脊索动物的一些形态，如鳃裂、带脊索的肛后尾、脊神经节、背神经脊和类似被囊类的滤食咽部。钙质脊索动物的发现，进一步证明了棘皮动物和脊索动物有亲缘关系。

59

头足纲 >

头足纲是软体动物门的一个纲。化石种在1万种以上，现仅存786种，主要是各类乌贼和章鱼。头足纲动物全部海生，肉食性，身体两侧对称，分头、足、躯干3部分。他们头部发达，两侧有一对发达的眼。足着生于头部，特化为腕和漏斗，故称头足类。漏斗位于头部腹面，在头和躯干之间。原始种类具有外壳，现存种类则多是内壳或无壳。鳃为羽状，1对或2对，心耳和肾的数目和鳃一致。口腔具有腭片和齿舌。神经系统集中，感官发达。循环系统为闭管式。直接发育（无需变态）。

头足纲可分为2个到4个亚纲，其中现存2个亚纲。一个是蛸亚纲又称为二鳃亚纲，外壳已经消失或是内化。此亚纲包括章鱼、乌贼、墨鱼等。另一个是鹦鹉螺亚纲又称为四鳃亚纲，外壳依然存在，此纲包括鹦鹉螺等。另有已灭绝的菊石亚纲和箭石亚纲。

头足纲分布在所有海域的所有深度，目前没有发现适应淡水的种类，但有些能够适应不同盐度的水。

▨ 神经系统与行为

头足纲被认为是最聪明的无脊椎动物，因为它们有高度发展的知觉和较大的脑。它们的脑比腹足纲和双壳纲都大。除了鹦鹉螺之外，头足纲的表皮拥有一种特殊的色素细胞，使它们能够经由变色来进行沟通和伪装。

此外头足纲的神经系统是无脊椎动物之中最为复杂的，在外套膜中庞大的神经纤维成为神经生理学常用的实验材料。

头足纲的视觉敏锐，实验证明普通的章鱼能够辨识亮度、形状、大小还有物体的垂直和水平方向。头足纲的眼睛更能够感应光线的极化平面。令人惊讶的是，这些能够变色的头足纲动物大都是色盲。当它们进行伪装的时候，能够依照所看见的背景，利用色素细胞改变皮肤的亮度和花纹。而改变颜色的时候使用的是彩虹色素细胞和白色素细胞，这些细胞能够反映环境的光线。目前为止，只有一个种类的彩色视觉得到证明，称为萤火鱿。

⊠ 循环系统

　　头足纲拥有两个经由腮中的微血管来输送血液的腮心；一个经由身体的其他部分输送充氧血的单一系统心脏。和其他的软体动物一样，头足纲利用一种含铜离子的血青蛋白来运送氧气，而不是像鸟类或一般哺乳动物使用血红素。它们的血液缺氧时呈无色透明，接触空气之后时呈蓝色。

⊠ 运动方式

　　头足纲的一般行动方式是利用喷射动力，充满氧气的水被吸入外套膜中的腮之后，肌肉收缩使空间减少，导致水从漏斗喷出，通常是背对着水喷出，并且能够用漏斗控制方向。这是一种相对用尾巴推进更为耗能的移动方式，相对效率随着体型增大而降低，这也使一些种类尽可能使用鳍和臂来推进。

　　有一些种类的章鱼能够在海底行走，墨鱼和乌贼可以摆动外套膜上的翼状肌肉来移动。

⊠ 繁殖与生命周期

除了少数例外，蛸亚纲的寿命很短且成长快速，大多数吃下的养分都被它们用来长大。大多数种类的雄性阴茎是一个用来将精囊输送到交接腕的生殖管肌肉末端。而交接腕是用来将精囊输送给雌性。有一些种类没有交接腕，它们直接将较长的阴茎伸出外套膜来与雌性直接交配。此外它们进行"单次繁殖"，也就是一生只生产一次，下完一整组的蛋之后便死亡。而鹦鹉螺亚纲则进行"多次繁殖"，它们寿命较长，且一次只下少量的蛋。

⊠ 演化

头足纲在寒武纪晚期出现，在古生代和中生代期间支配并分化出水生型态。已灭绝的 Tommotia 是头足纲的原始型态，它有类似章鱼的触手，但用类似蜗牛的脚来行走于海床。早期的头足纲位在食物链的顶端。不论是古代的箭石类或是现代的新头足类，或是菊石，都是由拥有外壳的鹦鹉螺类在 4.5 亿年前到 3 亿年前的古生代分化出来。古代的头足纲有外壳保护，这些外壳原本是圆锥状，但是后来变成了鹦鹉螺那样的螺旋形状。到了现代，许多的种类依然有内壳，而大多数拥有外壳的种类在白垩纪就消失了。

古鱼的世界 ⟩

⊠ 盾皮鱼大家族

迄今发现的最原始的有颌类是盾皮鱼类（纲），它们最早出现于志留纪晚期，在泥盆纪曾经繁盛一时。

盾皮鱼类也有保护身体的骨甲，一般包裹在身体的前部。甲胄鱼类的骨甲是一块将身体全部装入其中的、不分块、不能活动的筒状物；而盾皮鱼类的骨甲分成几块，而且彼此之间能够活动，这样就使盾皮鱼类比甲胄鱼类在行动上灵活多了。

盾皮鱼类的这些优势使得它们在生存竞争中能够压倒甲胄鱼类，到了泥盆纪时发展成为种类繁多的类群。它们包括如下几个目：节颈鱼目、扁平鱼目、胴甲鱼目、硬鲛目、叶鳞鱼目、褶齿鱼目和古椎鱼目。在这些类群中，最繁盛的是节颈鱼类和胴甲鱼类。

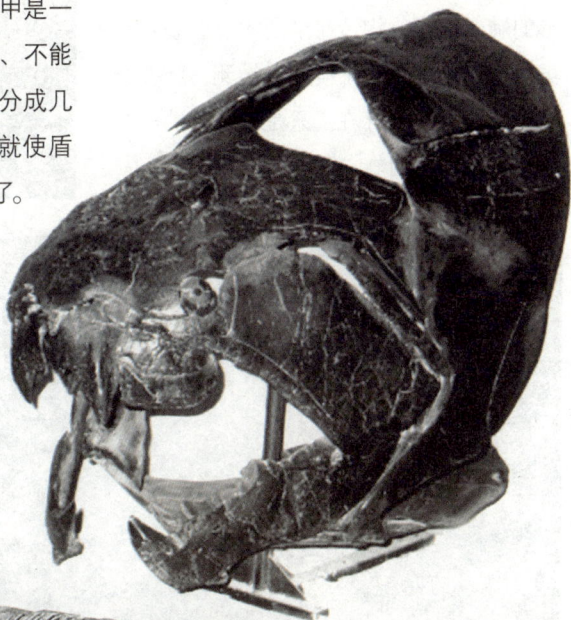

恐鱼头骨模型

⊠ 沟鳞鱼

沟鳞鱼的躯干后部是裸露的，身体前部被包裹在骨质甲片里；头甲六边形，具有"V"字形的感觉沟。有些沟鳞鱼化石还保留着软体部分的印模，科学家通过这些印模发现，它的食管两侧有一对与咽喉相通的气囊，很可能是具有呼吸功能的雏形的肺。这样的构造在早期的一些硬骨鱼类中也曾发现，因此科学家推测，肺在脊椎动物起源时就存在，只是在后来的一些鱼形脊椎动物动物中发生了次生性退化。

裂口鲨化石

◻ 古老的海洋杀手——鲨鱼类

软骨鱼类几乎全部是海洋动物。在整个生活史（一个生命体从开始到结束的全过程）中，它们的骨骼始终是软骨质的，坚硬部分通常仅有牙齿和棘刺，大多数的软骨鱼类化石就是从这些东西得知的，偶尔也会有充分钙化了的颅骨、颌骨和脊椎等保存为化石。

最原始的软骨鱼类以裂口鲨为代表，它们最完整的化石发现于美国伊利湖南岸晚泥盆世的格利夫兰黑色页岩中。有趣的是，现代鲨鱼的口通常都是横裂缝状的，而裂口鲨的口却是直裂缝的。裂口鲨的上颌骨由两个关节连接在颅骨上，一个是眶后关节，紧挨在眼眶后面；另一个则位于头骨后部，在这里颅骨与舌颌骨背部的连接杆相连。这样的上颌与颅骨的连接方式叫作双连接，是相当原始的连接方式。裂口鲨的牙齿中间有一个高齿尖，其两侧各有一个低齿尖，许多古老的软骨鱼类的牙齿都是这样的结构。

裂口鲨的结构在许多方面都代表了软骨鱼类中原始的模式，可以认为它接近于软骨鱼类进化系统主干线的基点，后期的鲨类可能就是从这里出发沿着各自的进化方向发展出来的，它们包括肋刺鲨目、弓鲛目、异齿鲨目、六鳃鲨目、鼠鲨目和鳐目。这几个目组成了软骨鱼类中最繁盛的一大类群：板鳃亚纲。另外一个种类不多、生活在深海中的软骨鱼类群，因其独特的自接型颅骨–颌骨连接方式而组成了软骨鱼

类中的一个单独的类群：全头亚纲。银鲛是全头亚纲的代表，其进化历史可以追溯到侏罗纪早期。

在古生代晚期的地层里还发现有数量极多的适于研磨的齿板，统称为缓齿鲨类，其亲缘关系尚不能确定。

我国云南沾益石炭纪地层中发现过裂口鲨的牙齿化石；昆明晚三叠纪地层中发现过弓鲛的鳍刺化石。

在泥盆纪中期，一些更为进步的硬骨鱼类出现了。它们骨骼中的一部分或者全部骨化成硬骨质。头骨的外层由数量很多的骨片衔接拼成一套复杂的图式，覆盖着头的顶部和侧面，并向后覆盖在鳃上。鳃弓由一系列以关节相连的骨链组成；整个鳃部又被一整块的骨片——鳃盖骨覆盖。因此，它们在鳃盖骨的后部活动的边缘形成鳃的单个的水流出口。它们的喷水孔大为缩小，甚至消失。大多数硬骨鱼类由舌颌骨将颌骨与颅骨——舌接型的方式相关连。

这些硬骨鱼类的脊椎骨有一个线轴形的中心骨体，称为椎体；椎体互相关连，并连成一条支撑身体的能动的主干。椎体向上伸出棘刺，称为髓棘；尾部的椎体还向下伸出棘刺，称为脉棘。胸部椎体的两侧与肋骨相关联。"额外的"鳍退化消失；所有功能性的鳍内部均有硬骨质的鳍条支撑。

体外覆盖的鳞片完全骨化。原始的硬骨鱼类的鳞较厚重，通常呈菱形，可分为两种类型：一种是以早期肉鳍鱼类为代表的齿鳞，另一种是以早期辐鳍鱼类为代表的硬鳞。随着硬骨鱼类的进化发展，鳞片

一支，硬骨鱼类的另一支是辐鳍鱼类。

1999 年 4 月，中科院古脊椎所的朱敏研究员通过对斑鳞鱼进一步研究发现，斑鳞鱼不仅可能是最原始的肉鳍鱼类，而且可能是整个硬骨鱼类最原始的代表。斑鳞鱼中保留的许多非硬骨鱼类特征填补了硬骨鱼类和非硬骨鱼类之间形态上的缺环。

泥盆纪中期，硬骨鱼类分化成走向不同进化道路的两大分支：辐鳍鱼类（亚纲）和肉鳍鱼类（亚纲）。

从总体上说，地球上所有生活在水里的动物没有任何一类取得了像硬骨鱼类这样的进化成功。即使是那些高度发展了的最完全的水生无脊椎动物，例如各种各样的软体动物以及中生代期间发展得很复杂的菊石类，也远远达不到硬骨鱼类对水生生活的那种适应程度。硬骨鱼类已经占据了地球上所有水域中的各种生态位，从小的溪流到大的河流、从大陆深处的小小池塘到各类湖泊、从浅浅的海湾到浩瀚大洋中各种深度的水域，到处都有硬骨鱼类在漫游。硬骨鱼类各个物种之间体形大小上的差别也很悬殊，有些小鱼永远长不到 1 厘米以上，而鲔鱼可以长得非常巨大。硬骨鱼类身体的形状和生态适应类型也是千差万别，各有千秋。而且，硬骨鱼类无论是物种数量还是个体数量都远远超过许多其他脊椎动物的总和。因此，硬骨鱼类才是地球上真正的水域征服者。

巨齿鲨的下颚牙齿化石

的厚度逐渐减薄，最后，进步的硬骨鱼类仅有一薄层的骨质鳞片。

原始的硬骨鱼类具有功能性的肺，但大多数后来的硬骨鱼类的肺转化成了有助于控制浮力的鳔。

1990 年，中国科学院古脊椎动物与古人类研究所的余小波研究员在云南曲靖西郊发现了斑鳞鱼，当时把它鉴定为是一种生活在 4 亿多年前泥盆纪早期的原始肉鳍鱼类。肉鳍鱼类是硬骨鱼类大家族中的

69

辐鳍鱼类化石

⊠ 辐鳍鱼类浪潮般的进化

辐鳍鱼类是所有脊椎动物中最成功的水生类群，它们几乎占领了地球上水域中的所有生态位。它们种类繁多，大小千差万别，适应性更是"八仙过海，各显神通"；它们的进化史波澜壮阔，各个时代的各群"明星"相继登场，将一部鱼类进化史诗"表演"得像涨潮的大海，一浪高过一浪。

辐鳍鱼类在地球上的进化经历了3个发展阶段，相应的可以由辐鳍鱼类所包括的三大类群（次亚纲）所代表，它们是原始的软骨硬鳞鱼类（软骨硬鳞鱼次亚纲）、中间的全骨鱼类（全骨鱼次亚纲）和进步的真骨鱼类（真骨鱼次亚纲）。

软骨硬鳞鱼类是最早发展出来的硬骨鱼类，它们在泥盆纪出现，在古生代晚期的二叠纪占有优势。然后，在中生代的早期和中期，全骨鱼类发展起来并取代了软骨硬鳞鱼类在水域里的地位。到现代，软骨硬鳞鱼类中只有鲟形目一个目还生存着，由分布很广的鲟鱼以及分布在北美洲和我国的白鲟为代表。

全骨鱼类在三叠纪出现，在侏罗纪和白垩纪早期达到了进化的全盛时期，此后它们走向衰落，只有雀鳝和弓鳍鱼两个属生存到了现代。

⊠ 真骨鱼类

造成全骨鱼类衰退的原因是真骨鱼类的兴起。最早的真骨鱼类出现于侏罗纪，从白垩纪开始直到现在，它们的家族不断地发展壮大，成为江河湖海里真正的"主人"。我们现在最经常接触到的青鱼、草鱼、鲢鱼、鲤鱼、鲫鱼、鲶鱼、鲈鱼、带鱼、黄花鱼、比目鱼、海马、沙丁鱼等等几乎所有的硬骨鱼类都属于真骨鱼类。

在辐鳍鱼类的进化发展过程中，我们可以看到一些明显的平行进化的例子，随着时间的发展有许多"情节"一再地重复出现了。例如，软骨硬鳞鱼类在二叠纪时发展出了一些体型又短又高的类型；然后在侏罗纪时，从全骨鱼类中又发展出了一些与之非常相似的种类；最后在新生代，真骨鱼类这种进化的相同模式又被重复了。这样的例子在其他方面也是不胜枚举。

为什么会这样呢？答案可能很复杂，但是生存竞争可能是最重要的因素，从过去到现在，鱼类之间的竞争始终是非常激烈的。由于遗传过程中产生的变异和自然选择的结果，新的类型不断出现，新类型中总有一些在应付环境，以及与其他鱼类竞争方面更有优势，这样就使得整个硬骨鱼类家族呈现出不断产生出"更高级"类型的趋向。但是适应于水生生活的条件限制是非常严格的。例如，流线型的体型是快速游泳的鱼类必不可少的，而高体型以及与之相关的一些身体结构对于那些在珊瑚礁丛中生活的鱼类又特别重要。同样，巨大的嘴对于大多数肉食性鱼类来说是有优势的。因此，当更进步的鱼类替代它们那些效力较差的前辈的同时，它也面临着与前辈相同的适应问题，而这些问题又都是需要以相似的方式去解决。这正是硬骨鱼类浪潮式进化模式的最根本的原因所在。

在泥盆纪的时候，最早的肉鳍鱼类出现了，并分化成肺鱼类(目)和总鳍鱼类(目)两大类。

71

双鳍鱼

⊠ 最早的肉鳍鱼类——双鳍鱼

与辐鳍鱼类不同的是，早期的肉鳍鱼类在歪型尾上有一个位于体轴之上的索上叶。它们的鳍有中轴骨骼和在中轴骨骼两侧向外呈辐射排列的较小的骨头，然后再在这些骨头的末端长有骨质的鳍条。这样的鳍叫作原鳍。原始的辐鳍鱼类只有一个背鳍；早期的肉鳍鱼类却有两个背鳍。原始的肉鳍鱼类的鳞片是齿鳞型，在鳞片基部骨质之上有厚层的齿鳞质；而原始的辐鳍鱼类的鳞片的齿鳞质很有限，却有厚层的釉质层覆盖在表面。

在鱼类自身进化的道路上，肉鳍鱼类可以说是进化的一个旁支，可是从整个脊椎动物的进化来说，肉鳍鱼类却是一个举足轻重的类群，因为后来出现的四足类脊椎动物，就是从肉鳍鱼类中进化出来的。

⊠ 骨鳞鱼

首先，骨鳞鱼的头骨和上下颌完全是硬骨质的，而且许多骨块的成分、位置和形状都与早期的两栖类相似。

其次，骨鳞鱼的牙齿是"迷齿型"的。也就是说，在显微镜下观察它的牙齿横切面时，可以发现釉质层褶皱得很厉害，形成的图案就像迷宫似的。有意思的是，早期的陆生两栖动物的牙齿也是这种迷齿型的。

最有意义的是骨鳞鱼偶鳍内部的骨骼结构，不仅不像肺鱼那样特化，反而其中各个骨块的结构、位置和形状，甚至骨块之间的关节都与早期的两栖动物非常相似了。

以此为基干，总鳍鱼类发展成为两个大的系统，即包括骨鳞鱼在内的扇鳍鱼类（亚目）以及空棘鱼类（亚目）。

骨鳞鱼

▨ 真掌鳍鱼

扇鳍鱼类是大的肉食鱼类，发现于泥盆纪至早二叠纪，多生活于淡水水域，现已灭绝。

扇鳍鱼类中有一种生活在泥盆纪的真掌鳍鱼，它们与早期两栖动物的相似点就更多了。除了头骨、牙齿和偶鳍上的相似之外，它们在脊索周围有一系列骨环，骨环之间有小的骨穗，每一个环上有一根向后上方突起的脊。这些结构与早期两栖类动物脊椎的结构已经非常相似了——骨环相当于椎间体、骨穗与椎体相当、而突起的脊则与两栖类动物脊椎上的脊如出一辙。因此，有些科学家认为，从真掌鳍鱼到陆生脊椎动物在进化上只差爬上陆地那短短的一步了。

空棘鱼类是特化类群，头骨骨片数量和牙齿数目均减少。它们在中生代较多，代表为大盖鱼等。我国发现的空棘鱼类化石有长兴鱼等。

空棘鱼

古象家族 〉

目前地球上只有亚洲象和非洲象两种象，可是在地球的历史上，这些长鼻子的动物却是个分布广泛、种类繁多的大家族。古生物学家根据发现的化石推断，至少有160多种古象曾出现在我们这个星球上。

象的群体庞大，扩张很快，在5000万年的漫长岁月中，它们的足迹遍布亚洲、非洲、欧洲和美洲大陆，甚至在冰天雪地的北极也留下了它们的身影。为了适应多变的生存环境，象本身的形态结构、生活习性都发生了多种多样的变化，形成了体态各异、形形色色的象。真是形"象"各异啊！

我们一起去认识一下大象家族的一些主要代表吧！

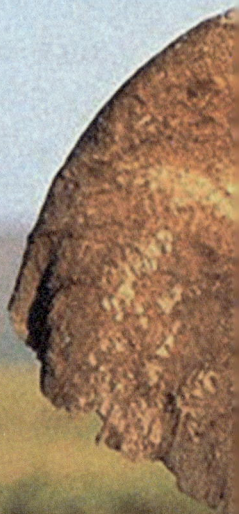

☒ 始祖象

时代：晚始新世至早渐新世
产地：非洲埃及
体长：长 1.4 米
身高：60~70 厘米
食性：植物
分类位置：长鼻目

始祖象的大小与现在的猪差不多。它很可能部分时间在水中生活。像河马一样，眼睛和耳朵在头上很高的地方，这样在沼泽地里打滚时，眼睛和耳朵仍能露出水面观察四周情况。

始祖象没有长鼻子，但它有一些特征与象开始进化时的特征很相似，因此当初人们发现它时，认为它是象的祖先。所以起名叫始祖象。但现在很多古生物学家认为在非洲发现的另一类古象才是象的真正祖先。

始祖象

始祖象还原模型

76

⊠ 始乳齿象

时代：早渐新世
产地：非洲
身高：2.5 米
食性：植物
分类位置：长鼻目

始乳齿象还原图

一种原始的乳齿象。乳齿象这个名字是由于这类象的牙齿上有成对的像乳头形状的突起。

始乳齿象和始祖象生活在同一时代和同一地区，但它们吃的食物不同。始乳齿象可能吃森林中的嫩草，而始祖象则挖食沼泽中的植物。始乳齿象扁平的下门齿特化成匙形，上唇伸长形成了一个原始的长鼻子。

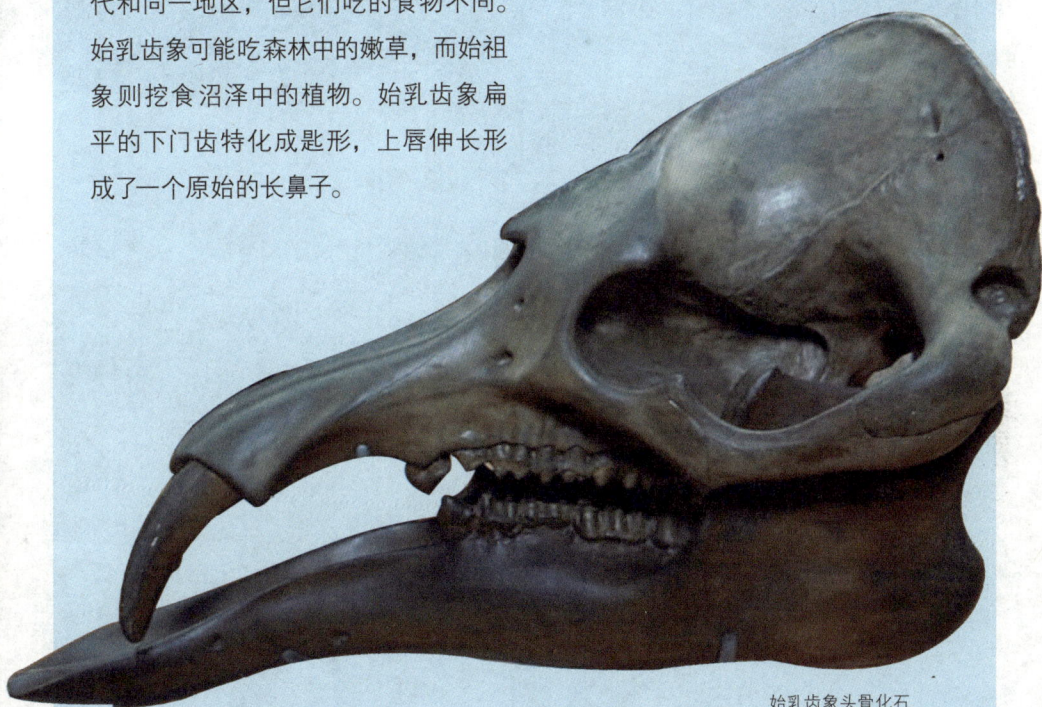

始乳齿象头骨化石

77

⊠ 剑乳齿象

时代：晚上新世至更新世

产地：南美洲 彭巴斯大草原

身高：2.7 米

食物：植物

分类：长鼻目 嵌齿象科

别看剑乳齿象比较矮，但很粗壮。它的下颌短，下颌上没有门齿，有一对向上弯的大牙。剑乳齿象的牙齿构造比较复杂，这表明它能够吃草。在南美洲，剑乳齿象曾与古人类一起生存过。

剑乳齿象是从北美洲迁入南美洲的。剑乳齿象的特征是具有较为笔直长剑形的门齿，颚骨较为缩短，臼齿的齿冠隆起，齿板数目为 7 至 8 且形状似乳状突脊。剑乳齿象就是因此而得名。在南美洲的许多地点都有证据显示史前人类曾捕捉剑乳齿象，推测剑乳齿象的灭绝可能与人类的过度捕杀有密切关系。

嵌齿象化石

嵌齿象化石还原模型

☒ 嵌齿象

时代：早中新世至早上新世

产地：亚洲、非洲、欧洲和北美洲

身高：3 米

分类：长鼻目

嵌齿象都有 4 个门齿和一条长鼻子。它的下颌很长，过去有人管它叫长颌象。对于它这样大型的象来说，每天需要吃大量的植物，大多数嵌齿象靠吃灌木的叶子为生。嵌齿象的足迹遍及亚、非、欧、美 4 个大陆，在中国也曾发现了很多嵌齿象的化石。

嵌齿象属长颌乳齿象中最基本的一属。上门齿相当长大，向下并向外稍弯曲；下颌联合部引长呈喙嘴状，嵌在两侧上门齿中间，故名嵌齿象，下门齿微向下弯曲，横切面趋向扁平。颊齿的齿尖呈圆锥形（乳头状）。附尖发达，磨蚀后三叶形图案清楚，中间颊齿有 3 个横脊。

79

恐象骨骼化石

⊠ 恐象

时代：中新世至更新世

产地：欧洲、亚洲和非洲

身高：4 米

分类：长鼻目·恐象科

恐象是象形长鼻目中已经绝种的一类，上颚没有獠牙，下颚有一对很大向下弯的獠牙。臼齿的特征是有 2~3 道简单的横向脊骨（齿脊），这是用来切割杆物的，而与这相对应的咬碎动作则是其他大多数更原始的长鼻目所共有的。恐象可能生活于森林之中。磨损的形式说明了下弯的獠牙用来掘根或剥去树皮之用。

在长鼻类进化历史的早期，还分化出一类形态很特殊的旁支，这就是恐象。和其他长鼻类一样，恐象也有一段史料空白期。中新世它一开始出现便已相当特化，而且自此以后直至更新世期间它完全消失，形态上除躯体增高增大外，几乎没有变化。这类象是长腿的长鼻类，站立时身高 3 米以上。它的头骨不似现代象那样高耸，上颌无大象牙，但有长鼻。下颌有一对大象牙，从颌前端向下弯曲，然后向后弯向身躯，很像是一对固定在下巴上的巨钩。每枚颊齿由两条横脊组成，脊顶锐利，略呈弧形。

⊠ 美洲乳齿象

时代：晚渐新世至晚更新世

产地：北美洲

身高：3 米

美洲乳齿象是北美最常见的长鼻类之一，和披毛的猛犸象一样，它也是适应了寒冷气候的动物。身体上覆盖着厚厚的一层长的粗毛，带粗毛的皮和骨架还一起被人们发现过呢。

美洲乳齿象的头很长，但抬不高。它有一对粗大上弯的门齿，成群地在云杉林中吃草，更新世期间欧亚大陆的美洲乳齿象仍相当繁盛，一直生存到美洲人类历史的早期，可能与史前古人类一起生存过。

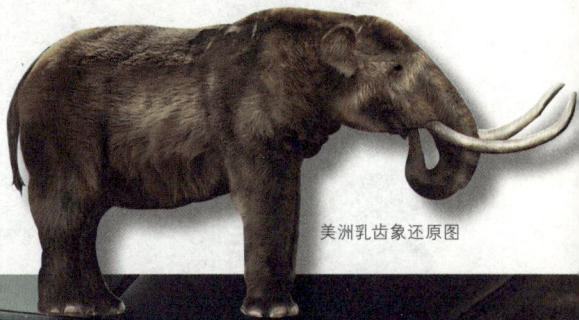

美洲乳齿象还原图

美洲乳齿象骨骼化石

⊠ 猛犸象

时代：晚渐新世

产地：亚洲、欧洲和北美洲

身高：达5米

体重：约10吨

分类：长鼻目，真象科

是一种适应于寒冷气候的动物，它广泛分布于北半球寒带地区。这种动物身躯高大，体披长毛，一对长而粗壮的象牙向上向后弯曲并旋卷。背部的毛最长可达50厘米，长毛下面还有一层绒毛，皮下脂肪厚达9厘米。猛犸象的头颈部分还有高耸的大"驼峰"，可以储

存大量的脂肪，这些都是对生活在冬季严寒、食物较少地区的适应。

　　猛犸象生活在北半球渐新世——第四纪大冰川时期，距今300万—1万年前，曾经是早期人类狩猎的对象。在法国一处昔日沼泽的化石产地，人们曾挖掘出了猛犸象的化石。从化石的排列上可以看出：猛犸象被肢解了，4条腿骨前后相连排成一线，头骨被砸开，肋骨有缺失。很可能原始人将一头猛犸象逼进了沼泽，在沼泽边用石块和长矛把象杀死。

　　由于猛犸象绝灭不过1万年的时间，而在自然界中化石的形成约需2.5万年，所以猛犸象的化石都是半石化的。更有甚者，前苏联古生物学家在西伯利亚永久冻土层中竟然发现了一头基本完整的猛犸象！它的皮、毛和肉俱全。发现它时，它的嘴里还沾有青草，可能是吃草时不小心掉进了冰缝中，经过1万年自然"冰箱"的保存，终于和现代人类见面了。

　　猛犸象生活到距今1万年的时候突然全部绝灭了，这可能和当时的气候变暖有关，猛犸象被迫向北方迁移，活动区域缩小了，草场植物减少了，猛犸象得不到足够的食物。另外，也有说法认为，猛犸象的生长速度缓慢，在人类和猛兽的追杀下，幼象的成活率极低，终于导致灭绝。

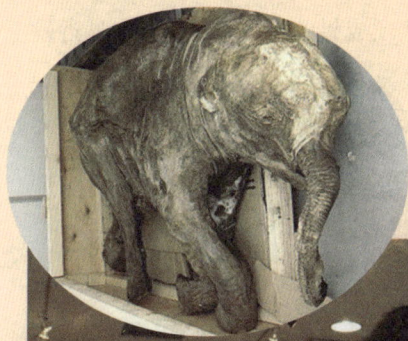

恐龙时代的空中霸王 ﹥

这是一个恐龙时代的故事。1.6亿年前，在如今中国辽西地区，到处是火山喷发的情景。一只"身怀六甲"的达尔文翼龙寻觅良久，终于找到一处看起来比较安全的地方准备下蛋。

突然附近一座火山猛烈喷发，殃及将要下蛋的这头翼龙，使其遭遇一次悲惨的事故。它的左前小臂折断，这场火山喷发引起的灭顶之灾最终吞噬了它。它体内已发育完好的软壳蛋，也随之流产，翼龙和它的蛋被泥土和时间一同掩埋，静

静经历着地球沧海桑田的变迁。

1.6亿年后的2010年，这只翼龙和随其保存在一起的蛋的化石被人类发现。人类科学家据此大致描绘出这头翼龙生前所遭遇的经历。也正因为这次化石的发现，人类对于区分翼龙的性别有了关键的证据，对解决恐龙时代性别鉴定之谜往前迈进了一大步。

发现这副化石的科学家是中国地质科学院地质研究所吕君昌博士。吕君昌阐述这项成果的重要意义时说，最近发

84

现的与蛋保存在一起的这个雌性翼龙化石, 为判别这些已绝灭的飞行爬行动物的性别提供了直接证据, 解决了长期以来存在的关于翼龙那独特的、鲜艳的头骨脊 (头冠) 是起什么作用的问题。

作为飞行爬行动物的翼龙类, 也称为翼手龙类, 是2.2亿年到6500万年前的恐龙时代中生代时期的空中霸王。人类只能猜测, 而尚未能清楚辨别翼龙雌雄。性别是生物属性中最根本的特性之一, 但是在化石记录中极难有把握准确地确定, 能够区分翼龙的性别是向前迈进的一大步。

遭遇事故成为化石的这具雌性达尔文翼龙, 在研究过程中被研究小组称为T夫人, 在两方面区别于雄性达尔文翼龙:

85

它具有相对大的腰带，也就是人们常说的骨盆，以容纳输卵管，而且不具有头骨脊。雄性个体具有相对小的腰带和非常发育的头骨脊。雄性的翼龙大概用这一头骨脊来恐吓对手或者吸引像T夫人那样的异性伴侣。因此，可以判断具有头骨脊的是雄性，而不具头骨脊的是雌性。这个翼龙新标本的发现，具有多方面的重要科学意义。最重要的自然是为翼龙类甚至其他爬行动物性别鉴定提供了直接证据，化石的新发现解决了恐龙时代性别鉴定之谜，与蛋一起保存的雌性翼龙首次显示了如何用腰带结构和头骨脊来判别翼龙的性别。

这一新发现也提供了许多关于翼龙生殖方面的信息。翼龙类的蛋相对小且具有软壳。这是典型爬行动物的，但是不同于鸟类下相对大的硬壳蛋。这一点也不奇怪，因为从原料和能量角度上看，小的蛋需要较少的投入。对于积极活跃、精

力充沛、有力量的飞行动物翼龙来说是一个独特的演化优势，并且可能在像翼展10米多长的大型披羽蛇翼龙的演化来说是一个重要因素。

此外，许多翼龙都有头骨脊。在一些特殊的种类，其头骨脊可达到其头骨高度的5倍。科学家长期以来猜想这些头

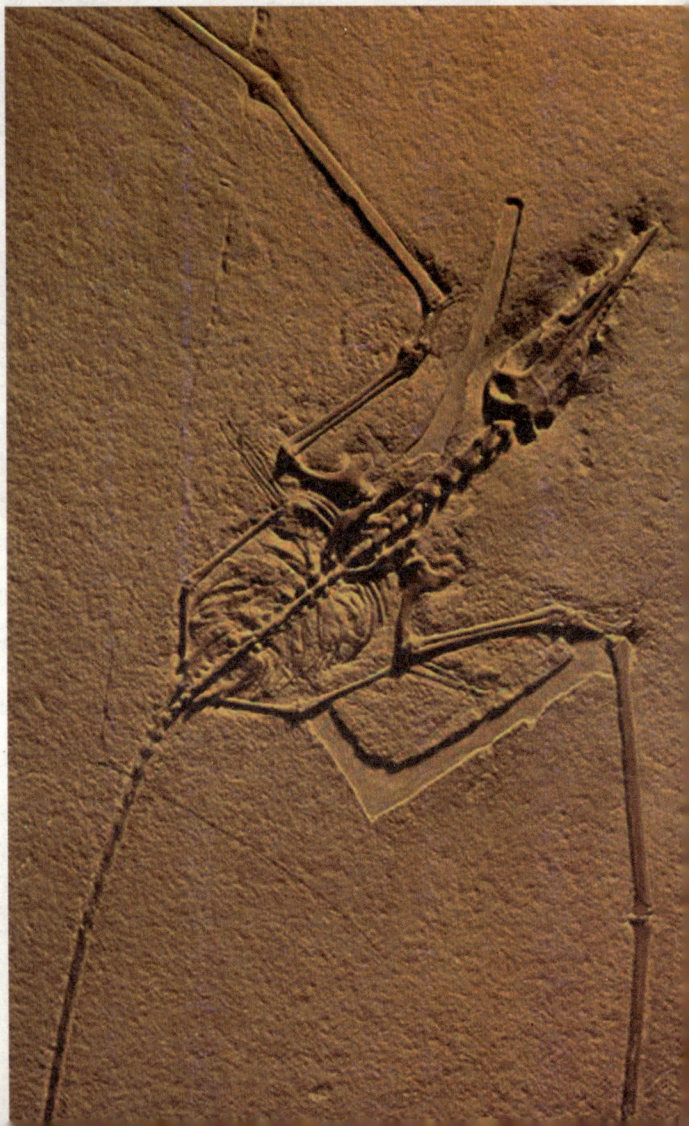

骨脊用来作为某种炫耀或者为同类
发信号，并且只有雄性才有头骨脊，而雌
性没有头骨脊。但是在缺少判别性别的任何
直接证据的情况下，这一观点仍然是推测性的，
具有头骨脊和不具有头骨脊的类型经常被划分为
完全不同的种类。

　　因此，这次的新发现可以很好地解释困惑科学家
100多年的翼龙头骨脊的问题。现在科学家可以利用判
别翼龙性别的知识来研究整个新的领域，比如种群的
结构和行为。

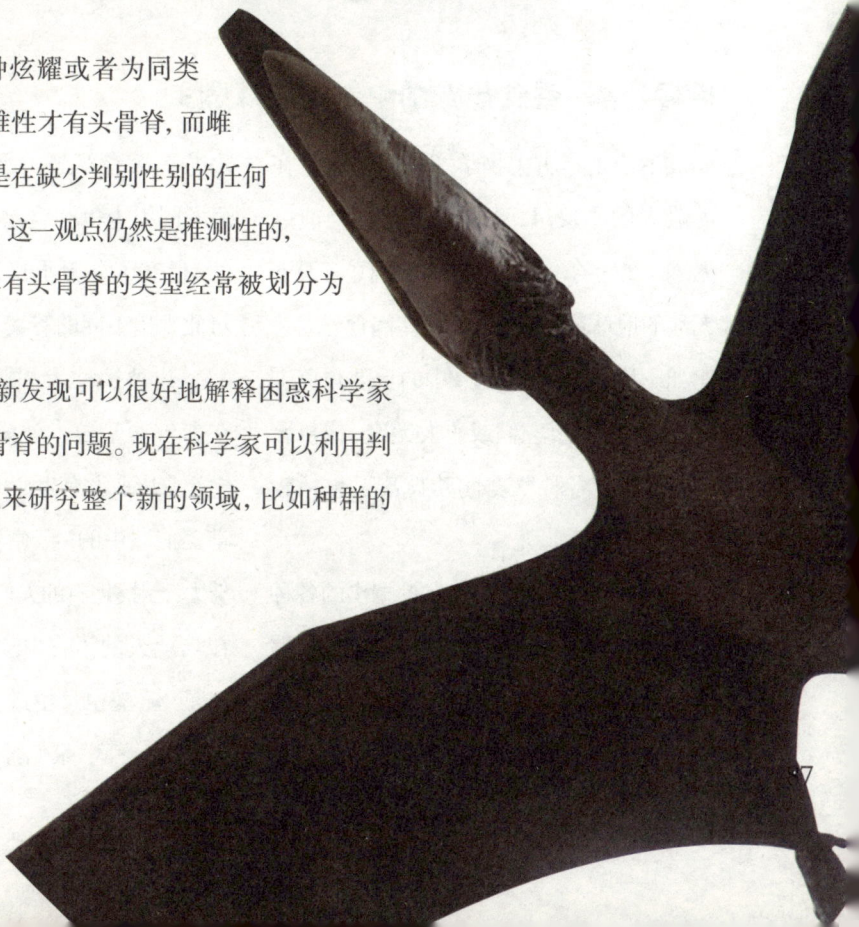

魔鬼巨鳄：吞食恐龙的中生代地球霸主 〉

　　不论是在古生物学家的眼中还是在一般人的印象里，恐龙是真正的史前巨无霸，在距今亿万年前的中生代是天下无敌的地球霸主。尤其是那些肉食恐龙，比如影片《侏罗纪公园》中的重要角色霸王龙和迅猛龙，它们或硕大无比、或机警凶猛，捕食各种草食性动物甚至包括较小较弱的肉食恐龙。

　　但是，近年来，人们在挖掘出的各种恐龙身上、甚至异常凶猛的霸王龙的骨骼上，频频见到明显的伤痕，令古生物学家们感到十分困惑。有人曾认为那是肉食恐龙追杀食草恐龙留下的痕迹，或者是恐龙同类为争夺食物、配偶、领地而造成的。但2000年夏季找到的新化石，可能会对此得出不同的答案。

　　这种被称为"魔鬼巨鳄"的化石是在非洲撒哈拉大沙漠找到的，那里人迹罕至，几乎没有生命的痕迹，却是古生物学家们眼中的"天堂"，只要经过艰苦的努力，寻找化石的人们往往会满载而归。在当地人的语言中，"伽都法噢瓦"的意思是"骆驼也害怕进去的地方"。在这不毛之地，科学家们经过努力很快就找到了不少浅埋在1.1亿年前的河流沉积层中的脊椎骨化石和一个巨大的头骨化石。然而古生物学家们面对所发现的巨大化石骨骼却都感到迷惑不解。

因为它与以前任何报道过的恐龙化石都不相同，却与同是爬行动物的鳄鱼的骨骼十分相似，但拼合起来的庞大身躯又令人无法相信它就是鳄鱼，因为与现代鳄鱼那3米多长的身躯相比，这种家伙实在大得惊人。

经过艰苦的发掘工作，古生物学家们找到了这只巨大爬行动物大约50%的骨骼化石，他们将其命名为"超级巨鳄"，并完成了拼装工作。面对拼装出来的化石个体，人们目瞪口呆：这种史前超级巨鳄体长如同一辆公共汽车，从头到尾长达12米多；体重如同一条小鲸鱼，估计体重超过8吨；"血盆大口"远不足以形容它的大嘴，因为光它的嘴就长达1.8米，里面生着100多颗匕首似的獠牙。

从鳄类家族的演化史一直看到现在的各种鳄类，"超级巨鳄"都可称得上最大的鳄鱼之一。更令人恐惧的是，这条超级巨鳄巨大的嘴巴顶端生着一个明显膨大的前突，活像一个大瘤子，在现在的鳄类中还从未见过这副模样。一些古生物

学家便索性把它称为"魔鬼巨鳄"。

古生物学家保罗和他的同事们在撒哈拉发现的"超级巨鳄"化石是迄今人们找到的相对完整的巨型鳄鱼的化石，它为这种古生物的存在提供了有力证据。而找到"超级巨鳄"化石的非洲撒哈拉大沙漠在1亿多年前，曾经是林木茂盛、河流密布的"宝地"，生态环境与当今截然不同，原本就是盛产古生物化石的地方。

鳄目动物出现在大约23亿年前的中生代三叠纪的晚期。到侏罗纪早期，它们分化成完全不同的两支，一支生活在陆地，一支生活在水中。

到白垩纪早期，地球上出现了与现代鳄鱼相似的古鳄目类，它们生出了与现代鳄鱼相似的头骨，开始了两栖生活。面对"超级巨鳄"与众不同的头骨，古生物学家认为，这个巨大的骨质化的前突与现代生活着的印度鳄鱼相似，但要大得多，意味着这种"超级巨鳄"能够扑杀远比鱼类具有更多肉质的猎物。

同时，"超级巨鳄"头上这个膨大的球状物生在吻端，表明这种鳄鱼的嗅觉能力大大提高，还能发出不寻常的吼声。有人认为鳄鱼是一种"又聋又哑的动物"，但实际上鳄鱼是靠叫声彼此联系的。这种"超级巨鳄"的头骨狭长，眼睛生在头的上端，适于半潜伏地出没于河边，伺机捕食。古生物学家们仔细地数了数"超级巨鳄"鳞片上的年轮，推算出它的平均年龄应该是50~60岁。

其实，在1892年，人们还曾发现过一种相当恐怖的巨型鳄鱼化石，也是一些

骨骼碎片和牙齿等，古生物学家命名为"恐鳄"。科学家们在恐鳄化石附近还发现了许多鸭嘴龙的骨骼化石，食草的鸭嘴龙身高可达9米多，推测体重可达12吨，足足是恐鳄的2倍。然而在7500万年前，当这些庞大的鸭嘴龙来到沼泽岸边找水喝时，竟还是会被比自己小得多的恐鳄咬翻在地、生吞活剥！

不断披露的资料表明，古生物学家们以前曾在中生代和新生代地层中发现过一些与"魔鬼巨鳄"体型不相上下的巨型鳄鱼，比如大约7000万年前生活过的"戴诺苏克斯"与大约1500万年前的"兰佛苏克斯"。一些学者认为，巨型鳄类动物在生物进化史中曾多次出现，可能与当时的水体广布有关，因为与现代的鲸类一样，体态庞大的动物更适合在水体中生活。

问题就出在这儿：早就有学者提出"体型决定灭绝的先后"的概念，认为大型生物在生物进化史中会先于体型较小的生物灭绝。但巨型鳄鱼为什么没能"遵守"这一"规律"？因为体形巨大的鳄鱼化石在白垩纪之后仍不断出现。还有，为什么鳄鱼不

仅能够与恐龙同时存在，而且躲过了白垩纪末期的大劫难？难道那"神秘的力量"可以选择性地杀死恐龙，而留下鳄类动物家族吗？

不论是从"魔鬼巨鳄"的体型上看，还是从它的生理结构上看，这个大家伙都不是个"善主"。它强大有力的胯骨、100多个匕首似的獠牙，足以撕碎体型硕大的恐龙！所以，许多古生物学家在见到"魔鬼巨鳄"以后表示："鳄鱼曾主宰过动物世界！"他们认为，现在可以为以前在恐龙、甚至凶猛的霸王龙骨骼化石上那些令人疑惑不解的疤痕找到答案了——"魔鬼巨鳄"无疑是强大的"恐龙杀手"。

这几种史前巨鳄化石的发现，向传统的古生物观念提出了一个重大的挑战：中生代的生物圈真的像人们现在所想象的那样吗？恐龙真的曾完全主宰地球吗？看来人们对远古过去的认识还相当肤浅，需要更多化石和更多研究。

91

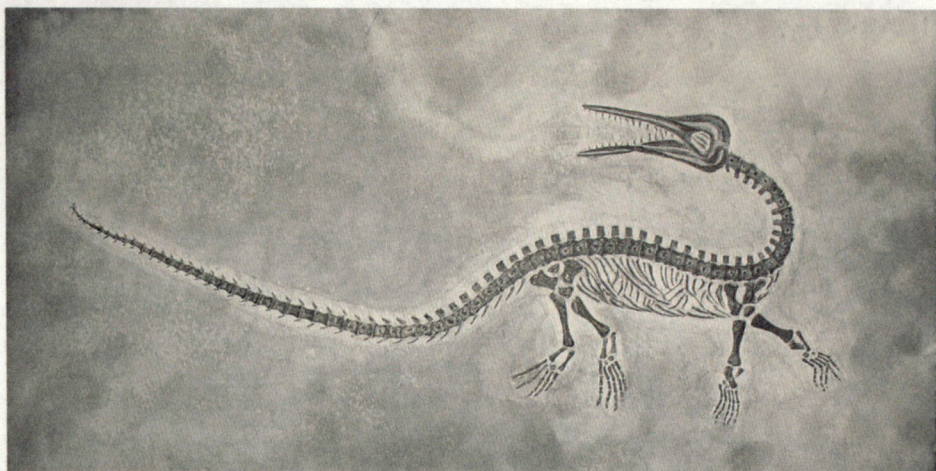

神秘的海洋霸主蛇颈龙 〉

蛇颈龙是一种早在白垩纪末期灭绝的大型海洋爬行动物，尽管从科学理论上蛇颈龙早已灭绝，但有人曾怀疑尼斯湖水怪可能就是蛇颈龙的后裔。在多年的远古生物研究领域中，蛇颈龙一直被披上了神秘色彩，它为什么长着相当于身体和尾部长度两倍的脖颈？它的胃部为什么藏有大量磨光鹅卵石？

澳大利亚昆士兰州发现两具蛇颈龙化石，引起了科学界的高度关注。依据化石样本分析，研究人员找到了这两具蛇颈龙死亡前的"最后晚餐"。传统理论认为蛇颈龙在海洋中主要以鱼、鱿鱼和其他游水动物作为食物，但令他们感到惊奇的是，在化石中竟发现蛇颈龙肠胃中残留着蛤蜊、螃蟹和其他海底贝类动物，

这将证明蛇颈龙的食谱要更为广泛，它不仅仅局限于猎食游水鱼类，还可以利用长长的脖颈伸到海底寻觅各种贝壳类、软体类动物。

"最后晚餐"揭示蛇颈龙用长脖颈伸到海底寻觅贝壳类生物。蛇颈龙在白垩纪末期灭绝，在其生存的远古时代，它那庞大的体型在海洋世界中称霸一时。蛇颈龙头小颈长，体躯宽扁，体长可达18米，四肢呈桨状，牙齿锋利，属于肉食性海洋大型爬行动物。

澳大利亚昆士兰州博物馆化石标本副馆长亚历克斯·库克是该项的研究作者之一，他指出，通过对这两具蛇颈龙胃部化石标本的分析，发现它们"最后的晚餐"竟包括蛤蜊、螃蟹和其他海底甲壳动

物，在肠部化石中还发现固状的贝壳残物。

库克以及其他澳大利亚研究人员指出，这项研究意义深远，它说明了蛇颈龙有着广泛的摄食范围，这也将进一步验证蛇颈龙在远古海洋环境中是一种"成功"的爬行动物，1.35亿年前它在地球海洋里巡游，它曾是海洋世界的霸主。

澳大利亚发掘的这两具蛇颈龙化石长16~20英尺，重2200磅。据了解，蛇颈龙属于远古海洋爬行动物，它是海洋中脖颈最长的动物，其脖颈是身体和尾部长度的2倍。澳大利亚纽卡斯尔大学生物学讲师科林·麦克亨利描述蛇颈龙灵活修长的脖颈是一种"多用途工具"：既是猎捕游水鱼类的最佳工具，也是探寻海底软体生物的利器。

麦克亨利说，"在1.35亿年前，蛇颈龙在地球海洋中占据着统治地位，它是一种大型凶猛食肉性海洋爬行动物。可以这样说，纵观地球海洋各个历史时期的生物，蛇颈龙是脖颈最长、身体结构对掠食较为有利的动物。"

追寻最早的森林 >

作为我们唯一家园的美丽星球从荒凉贫瘠到充满生机，经历了地质历史时期的漫长岁月。海洋中生命的丰盛早在距今约5.5亿年前的寒武纪生命大爆发时刻就已粗具规模，相比之下，生命踏上陆地，并带给大地以苍翠却要迟缓得多。

地球上的第一片大森林是什么时候出现的呢？它们又是什么样的呢？

从距今约5亿年前开始，陆地便逐渐披上了绿装。最早登陆的植物只是一些

蕨类化石

低矮的低等植物，如苔藓、地衣等。这些低等植物虽然身材矮小，却具有顽强的生命力，它们作为登陆的先驱，凭借其特有的牺牲逐渐变得松软和肥沃，这样的过程持续了大约1亿年。

泥盆纪（距今约4.2亿—3.5亿年）是陆地植物的大发展时期。泥盆纪的陆地植物种类囊括了地球历史上除被子植物以外的所有类群。从仅有数毫米高纤细的草本植物，到高可达30米的高大乔木；从半水生的早期蕨类植物，到具有复杂庞大气生根和高大树冠的大型蕨类；从依靠孢子生殖的细小蕨类，到种子繁殖的早期裸子植物……泥盆纪的植物多种多样，其丰度和多样性程度都是相当高的。然而，值得一提的是，尽管泥盆纪的植物数量大，种类多，其植物面貌却和今天的植被差别极大，甚至看惯了现代植物的我们往往会觉得泥盆纪的植物都如同怪物一样。然而，地球历史上的第一片大森林就是由许许多多这种高大的怪物组成，让我们通过保存在岩石中的植物化石

95

一窥泥盆纪的陆地植物世界。

为了对泥盆纪植物有更深入的了解，研究人员必须找到良好的泥盆纪植物化石标本。

我国新疆北部的具有良好出露的泥盆纪地层剖面，这里的地层时代为泥盆纪中期，距今约3.9亿年。新疆北部牧草丰富，许多当地人都过着畜牧的生活，时常有牧羊人牧放着群羊。新疆地域广阔，公路运输是其交通运输的最重要组成部分。由于新疆地区年、日温差均较大，这里的公路不得不进行定期维护。为了加固路基，施工人员往往会铲平公路两侧的小山。这为地层古生物的野外工作提供了绝好的机会。铲平的路边小山清晰地暴露了地层所经历的构造运动。这些背斜、向斜等小规模的构造运动，加上缤纷的岩石地层，共同构成了一幅幅鲜艳独特的

图画，吸引人们进入到更加绚丽多彩的泥盆纪植物世界。

从泥盆纪中期开始，石松植物的高度越来越大。到了石炭纪，这些石松植物的最大高度可达30~40米。部分煤田中的煤就是由这些高大的植物演变而来的。素有"煤海"之称的山西省的煤就是在石炭纪（距今约3.6亿—3.0亿年）和二叠纪（距今约3.0亿—2.5亿年）时期形成的。当时山西所在的古大陆板块位于赤道附近，气候炎热潮湿，长满了由高达30多米的石松等蕨类植物组成的热带森林，茂密的气生根和气生茎十分粗大，枝叶交错缠绕、遮天蔽日。随着海平面的缓慢升降，大片树木死亡后被遗留在了多水的沼泽中。众多植物的遗体在

沼泽水的覆盖和微生物的参与下,经过生物化学变化和物理化学变化形成了泥炭。在频繁的构造运动中,地壳下沉导致了海平面的相对上升,大量泥炭不断被掩埋、沉积下来。泥炭在越来越厚的沉积物覆盖下经过压实作用,发生脱水,后来又在不断升高的地热加温作用下逐渐变成了有机组分越来越高的褐煤、烟煤甚至无烟煤。

煤的形成,表明当时生物数量巨大,也表明了当时格外潮湿的环境。古生物学者推测其最相似的植被景观就是面积广大的沼泽森林。虽然石炭纪和二叠纪是最显著的成煤时期,但是最早的煤却可以在石炭纪之前的泥盆纪地层中找到,在新疆北部的泥盆纪地层中,就可以发现厚约20厘米的煤层。形成这条煤带的植物从哪里来呢?它们正是那些高约3~4米的石松类植物所构成的最早的森林。泥盆纪时期,新疆北部的陆地位于赤道附近,气候炎热潮湿,地壳构造运动复杂而频繁。昔日广阔苍翠的大片森林在几经沧桑之后,终于化作了今天公路边薄薄的层层黑色。

97

"重量级"化石

在众多化石中，总有一些是弥足珍贵的，就让我们一起来看一看这些著名化石的"庐山真面目"。

98

三叶虫化石 〉

⊠ 形成环境

在远古海洋中三叶虫的生活环境从浅海到深海非常广泛。偶尔三叶虫在海底爬行时留下的足迹也被石化了。几乎在所有今天的大陆上均有三叶虫的化石被发现，它们似乎在所有远古海洋中均有生存。

今天在全世界发现的三叶虫化石可以分上万种，三叶虫的发展非常快，因此它们非常适合被用作标准化石，地质学家可以使用它们来确定含有三叶虫的石头的年代。三叶虫是最早的、获得广泛吸引力的化石，至今为止每年还有新的物种被发现。

在英属哥伦比亚、美国纽约州、中国、德国和其他一些地方发现过非常稀有的、带有软的身体部位如足、鳃和触角的三叶虫化石。

三叶虫的命名

　　早在300多年前的明朝崇祯年间，一个名叫张华东的人在山东泰安大汶口发现了一种包埋在石头里的"怪物"，其外形容貌颇似蝙蝠展翅，于是他就为之命名为"蝙蝠石"。到了20世纪20年代，我国的古生物学家对"蝙蝠石"进行了科学研究，终于弄清楚了原来这是一种三叶虫的尾部。这种三叶虫生活在5亿年前的寒武纪晚期，是海洋中的一种节肢动物。为了纪念这个世界上给三叶虫起的第一个名字，我国科学家就把这种三叶虫由拉丁名翻译成的中文名字依然叫作蝙蝠虫。国外研究三叶虫的最早记录可以追溯到1698年。当时，科学家把一个头部长有3个圆瘤的三叶虫化石命名为"三瘤虫"。到了1771年，有人根据这种动物的形态特征，即身体从纵横两方面来看都可以分成3部分：纵向上分为头部、胸部和尾部，横向上分为中轴及其两边的侧叶部分，因而给出了一个恰如其分的名称——"三叶虫"。

身体

三叶虫的样子奇特，身体分为头、胸和腹3个部分。贝壳则有3个叶体，两叶位于纵向轴叶的每一侧，因此被称为"三叶虫"。从背部看去三叶虫微卵形或椭圆形，成虫的长为3~10厘米，宽为1~3厘米。外壳坚硬，正中突起，两肋低平，也形成纵列的3部分，三叶虫的名字就是这么来的。由于三叶虫的背壳坚硬，所以容易被保存成为化石。我们今天了解这种绝灭的动物，全是通过化石来认识它们的。三叶虫的头部由于覆盖有硬甲，可称为头甲，头甲上中央隆起的部分叫头鞍，头鞍的形状和大小在不同种类中变化较大，头鞍前部是头盖，上面发育着眼脊、眼叶和眼。头盖两侧的边缘下凹并延展形成活动颊，活动颊常常进一步形成十分尖锐的颊刺，伸向身体的后方，整个头甲是三叶虫分类和种属鉴定的重要依据。

繁殖

三叶虫最早是随着寒武纪初期的小壳动物群而出现的，小壳动物群主要是指软舌螺、腹足类、单板类、喙壳类和分类位置不明的一大批个体微小（一般仅1~2毫米）、低等的软体动物，当时的海洋条件已经适合于它们生存，这些动物给三叶虫带来了丰富的食源，在那时的海洋中，三叶虫还没有遇到有力的竞争对手，因此它们横行霸道，迅速发展，整个寒武纪成了三叶虫的世界。

101

⊠ 发育

经过各国古生物学家多年的研究，认为三叶虫具有复杂的发育阶段。三叶虫为雌雄异体，卵生，在它们一生的发育中，要经过多次的蜕壳才能长成，现在的许多节肢动物都承袭了三叶虫的生长方式。三叶虫从幼虫到成虫，一般经历 3 个生长阶段，即幼年期、分节期和成虫期。了解这点，对我们在野外采集三叶虫化石很有必要，如果人们稍微具备一些有关三叶虫发育阶段的知识，就能对采集到的三叶虫化石做出大致的鉴定，不至于把不同发育阶

⊠ 胸甲尾部

胸甲由许多形状相似的胸节组成，这些胸节相互衔接，与绝大多数节肢动物的体节相似，胸节可以活动，并有弯曲的功能。三叶虫身体能够蜷起或伸展开全靠这些活动的胸节，但幼年体的三叶虫没有胸节。尾甲是指三叶虫身体末端由若干体节融合而成的部分，它们形成三叶虫独特的尾部。三叶虫的尾一般是半圆形，由于尾的边缘常常形成大小不同的尾刺，使许多三叶虫的尾伸展、放射，变得很美丽。整个三叶虫的背面硬而光滑，但科学家们发现有些种类在背甲上具有小瘤或小结节，这些小瘤和小结节与背甲上的颊刺、肋刺、尾刺一起，构成了复杂的防护"盔甲"。

段的同一种三叶虫当作不同形态的属种了。

幼年期的三叶虫除身体很小外，常常凸起明显，头部与尾部区分不明显，没有胸节，虫体呈圆球状。以后，随着三叶虫不断生长，胸节逐渐增加，当胸节全部长成不再增加时就进入成年期，此时意味着三叶虫已达到性成熟阶段，能够生儿育女了。三叶虫每蜕一次壳，身体都会增大，壳上的刺、瘤、甚至尾甲的分节数也会增加。

三叶虫长大以后就可以在海洋中无忧无虑地生活了，至今为止，人们还没有在陆相地层中发现三叶虫化石，这说明这种动物确实只生存在海洋里。由于三叶虫化石常常与珊瑚、腕足动物、头足动物共同出现，表明它们都喜欢生活在比较温暖的浅海，在那里，三叶虫以各种微小的生物为食，或者也对海草及动物的尸体感兴趣。可以肯定，它们不具有主动攻击的能力，因为三叶虫没有良好的游泳器官，也不具备流线型的体型，在水中行进的速度较慢。从它们的坚固背甲可以想象，一旦有凶猛的动物（如鹦鹉螺类）向它们摆出进攻的架势时，三叶虫会迅速把身体蜷起，像穿山甲那样把自己保护起来，悄悄沉入海底。

⊠ 为什么出现那么多三叶虫

寒武纪时为什么出现那么多三叶虫呢？科学家们通过古生态学的研究认为，三叶虫具有很好的适应环境的生存方式。三叶虫并不遵循着单一的生活模式，有些种类的三叶虫喜欢游泳，有些种类喜欢在水面上漂浮，有些喜欢在海底爬行，还有些习惯于钻在泥沙中生活，它们占据了不同的生态空间，寒武纪的海洋成了三叶虫的世界。在寒武纪以后的地质时代，这种不同寻常的生物与其他无脊椎动物又共同生存了很长时间，才逐渐数量减少和衰退。我国三叶虫化石非常丰富，仅在寒武纪的早期就发现了 200 多个属，山东泰安盛产

的"燕子石"，经研究发现就是当时大量活动的三叶虫死后堆积形成的，那些显露在岩石表面纷纷欲飞的"燕子"，实际上全是一种长有长长尾刺的三叶虫的尾甲。

三叶虫出现后，在整个早古生代（包括寒武纪、奥陶纪和志留纪）都可作为众多生物的代表，它们和许多其他生物一起共同揭开了地球走进生物多样化的序幕，从此，一个欣欣向荣的生物世界才真正出现。晚古生代时三叶虫数量随着门类众多的海相无脊椎动物的大量涌现而减少，中生代到来时终于绝灭。

三叶虫领域的国际专家——惠廷顿

哈里·惠廷顿是一个非常有才华的人，其实他在开始研究布尔吉斯页岩生物之前，就已经是国际顶尖的三叶虫专家了，做了许多开创性的工作。惠廷顿成长于英国的伯明翰市，在伯明翰大学读博士的时候对早古生代的地层和化石产生了浓厚的兴趣，并用毕生的精力去研究。他绘制了威尔士北部伯温山的地质图，根据腕足动物和三叶虫确定了地层的时代。1938 年，他在国家奖学金的资助下到位于美国康涅狄格州纽黑文市的耶鲁大学碧波地博物馆工作，在这里他致力于三叶虫的研究，特别是奥陶纪地层中的代表性类群——三瘤虫。惠廷顿着迷于在化石形成期间，三叶虫外部的形态细节被硅所取代的现象。硅化的标本不需要从岩石中采集，用酸溶解掉灰岩就可以分离出来，化石能完整无缺地保存下来。

1940 年，惠廷顿在离开耶鲁之前与美国人桃乐茜·阿诺德结为夫妇，他们相伴了 50 多年直到 1997 桃乐茜去世，他们一直没有孩子。离开耶鲁之后他在缅甸的仰光大学获得了讲师一职。当时二战正酣，随着日本军队的入侵，他被迫离开缅甸来到中国。历经波折之后，惠廷顿在四川省成都的金陵女子学院获得教职，一直工作到第二次世界大战结束。

1945 年，他回到伯明翰担任讲师，开始在威尔士北部开展野外工作，研究巴拉地区经典奥陶系的地层学和化石。但惠廷顿依然着迷于硅化的三叶虫和三叶虫骨骼展现出的非凡复杂性。

惠廷顿在哈佛工作了 17 年，成为了三叶虫领域的国际专家。除了有关弗吉尼亚、纽芬兰和威尔士北部动物群的论著外，他还利用硅化的标本研究三叶虫从幼虫到成虫的发育过程。当时扫描电镜还没有出现，他发明了一种照相技术来观察和展示微小的标本，有时标本甚至小于 1 毫米。惠廷顿在三叶虫的形态、生物学特征和演化等方面作出了巨大的成就，其中包括基于三叶虫的分布和当时板块的地理位置识别出部分最早的动物区系。

哈里·惠廷顿

105

华阳龙化石 >

华阳龙是存活于中侏罗纪中国的剑龙类恐龙。华阳龙的名称来自于发现地中国四川省的古代别名"华阳"。华阳龙生存于1.65亿年前，早于华阳龙居住于北美洲的著名近亲剑龙属约2000万年。华阳龙身长4.5米，体型远较剑龙属小。华阳龙发现于下沙溪庙组，和蜥脚类如蜀龙、酋龙、峨眉龙，以及鸟脚类晓龙，还有肉食性气龙，一起居住于同一块中侏罗纪的中国陆地上。

华阳龙是目前最基础的剑龙类恐龙，并被分类于独自的华阳龙科。华阳龙在形态上与晚期的剑龙科恐龙有明显差别。华阳龙的头颅骨较宽，嘴部的前上颚骨拥有牙齿。所有晚期的剑龙类恐龙缺少这些牙齿。华阳龙如同剑龙类，背部长有骨板，尾巴拥有两对尖刺。臀部上有两根大型尖刺，可能用来抵挡遭受上方的攻击。与较晚的剑龙类恐龙相比，这两根尖刺相当短。华阳龙的骨板比剑龙属的骨板小，拥有较少的表面积。因此在调节体温上有较少的效率，调节体温是这些骨板的假设功能之一。

喜马拉雅鱼龙化石 〉

喜马拉雅鱼龙是一种大型海生鱼龙，全长约10米。颈部消失，长而尖的头部与身体连成了一条线。肩部以后最为宽阔，然后向尾部缩小。尾鳍呈竖立的月牙状。吻部细长，口中长满了又大又尖的牙齿。眼睛大而圆，视觉及听觉良好。鱼龙是当时凶猛的海洋动物，食物为海生鱼类及其他海洋动物，谁也不知道鱼龙是怎样从陆地返回大海的。

今日的喜马拉雅山白雪皑皑，异峰突起，山麓地带则森林茂密，郁郁葱葱。但在1.8亿年前，那里却是波涛汹涌、一望无际的海洋，与欧洲的古地中海相通，名为古喜马拉雅海。喜马拉雅山是后来才隆起的。在古喜马拉雅海中，生活着巨大的喜马拉雅鱼龙。这种鱼龙的外貌与今天的海豚和鲨鱼很相似。它体长10米多，嘴内有粗壮似扁锥的牙齿。整个头骨呈三角形，眼睛又大又圆。脊椎骨的椎体像一只碟子，两边微凹，整个脊椎骨就像拴在绳索上的一串碟子。它的四肢骨扁平，肩胛骨长，这都有利于游泳。纺缍状的躯体，桨状的四肢和强壮的尾巴，使它成为古喜马拉雅海中无可匹敌的快速游泳家。这种鱼龙发现于西藏的聂拉木县的土隆与定日两地，时代为三叠纪晚期。

黑龙江满洲龙化石 〉

黑龙江满洲龙化石

黑龙江满洲龙是我国最早发现的恐龙化石，有"神州第一龙"之称，具有极其重要的科学研究价值。中国的第一只恐龙化石——满洲龙。让我们回到1902年，当俄国上校Manakin从中国东北黑龙江地区渔民手中获得一些化石，他误认为这些骨骼是属于西伯利亚猛玛象的一部分，同时在阿尔穆河（今称黑龙江）地区提出汇报。在1915年到1917年之间，前苏联地质委员会指派B.X.Reningarten组织了一个初步考察队到这个地点进行探测。所有的发掘标本，包括一具不完整的鸭嘴龙类——满洲龙的骨骼都运送回圣彼得堡（后改称列宁格勒）。这只满洲龙就是被前苏联古生物学者Riabinin在1925年所命名的第一只中国恐龙的成员。

满洲龙生存于白垩纪晚期，化石最早发现于中国黑龙江省嘉荫县城南西的渔亮子—小滚子沟一带。其主要特征为一大型的鸭嘴龙，体长10.5米，体高超过6.1米。头骨低平，上枕骨及左右两鳞骨间的眶上部位向下凹入；下颌有35列牙沟；肩胛骨直厚；坐骨末端不扩展；荐脊椎8个。该标本采自黑龙江省嘉荫县上白垩统渔亮子组，化石材料主要为下颌骨、颈骨、背椎、尾椎、肋骨、肱骨、胫骨、指骨等66块骨骼。

禄丰龙化石 〉

恐龙的一属。因模式标本发现于中国云南省禄丰县而得名，也是在中国找到的第一个完整的恐龙化石。生存于距今约1.9亿年的早侏罗世。禄丰龙身体大小中等（6~7米长），兽脚型。头骨较小（相当尾部前三个半脊椎长），鼻孔呈三角形，眼前孔小而短高，眼眶大而圆，上颚

HUA SHI DE XIN SHI

颞孔靠头骨上部，侧视不见。下颌关节低于齿列面。牙齿小，不尖锐，单一式，牙冠微微扁平，前后缘皆具边缘锯齿。颈较长，脊椎粗壮，尾很长。颈椎10个，背椎14个，荐椎3个，尾椎45个。肩胛骨细长，胸骨发达，肠骨短，耻骨及坐骨均细弱。前肢相当于后肢的1/2长。禄丰龙曾被认为属于原蜥脚类的板龙科，且是蜥脚类的祖先类型。而实际上原蜥脚类并不是蜥脚类的直接祖先，仅是一类在晚三叠世由假鳄类演化出的很不成功的原始蜥臀类恐龙，只生存很短时间就绝灭了。

禄丰龙是浅水区生活的草食恐龙，主要以植物叶或柔软藻类为生，多以两足方式行走，但在就食和在岸边休息时，前肢也落地并辅助后肢和吻部的活动。

许氏禄丰龙是我国发现最早的一种古脚类恐龙。它体型轻巧，长约4~5米，有小而不太伸长的头骨，眼眶圆大，尾巴健壮，手和足的第一指（或趾）特别发育，口中上下至少有25颗牙齿，这些牙齿形状与树叶相似，前后边缘有微小的锯齿。禄丰龙的前肢并不很短小，不像典型的两足行走类恐龙，它可能具有有限的四足行走能力。禄丰龙生活在距今2亿多年前的侏罗纪早期的湖泊岸边或沼泽地区，是一种杂食性的恐龙，主要吃湖岸和沼泽周围森林里的各种植物，也可能吃一点水里的螺蛳或蚌壳类小动物。

黄河象化石 ⟩

1973年的春天，甘肃省的一些农民在挖掘沙土时，忽然发现沙土中有一段洁白的象牙。他们立即向当地政府报告。后来在当地政府的指挥下进行挖掘。化石全部露出来了，人们可以清楚地看到一头大象的骨架，斜斜地插在沙土里，脚踩着石头。从它站立的姿势，可以想象出它失足落水那一瞬间的情景；从它各部分骨头互相关联的情况，可以推想出它死后没有被移动过。因为这具化石是在黄河区域被发现的，所以命名为"黄河象"。

它身高4米，体长8米，象牙长达2米多，好像两把长剑，所以又叫剑齿象。剑齿象在几百万年前分布很广，在外国也发现过它的化石。黄河象的骨骼化石，是全世界已经发现的剑齿象骨骼中最完整的一具。

据推测，在300万年前，甘肃地区不像现在这样干燥，到处是河流和湖泊。有一天，一只剑齿象在河边饮水时，失足陷入泥潭之中，逐渐被泥沙掩埋，随着时间的推移，泥沙堆积的越来越厚，因而它的骨骼得以完整地保存。而经过复杂的地质演变，这一地区被抬升为高原，黄河象得以重见天日。

中华龙鸟化石 〉

中华龙鸟生存于距今约1.4亿年的晚侏罗世。1996年在中国辽西热河生物群中发现它的化石。开始以为是一种原始鸟类，定名为"中华龙鸟"，后经证实为一种小型肉食恐龙。它的骨架大小有1米左右，前肢粗短，爪钩锐利，后腿较长，适宜奔跑，全身还披覆着一层原始绒毛。长期以来，对于鸟类是不是恐龙的后裔一直存在不同的看法，中华龙鸟化石的发现提供了一定的证据。

中华龙鸟化石发现于中国辽西北票上园乡。中华龙鸟的脊柱和体表有着流苏一样的纤维状结构，这种结构有可能是羽毛的前身，它没有飞翔功能，主要是保护皮肤和体温。

中华龙鸟前肢粗短，爪钩锐利，利于捕食，实际上是一种小型肉食恐龙，其牙齿内侧有明显的锯齿状构造，头部方骨还未愈合，有4个颈椎和13个脊椎，尾巴几乎是躯干长度的2.5倍，属于兽足类美颌龙科。中华鸟龙化石的发现是

100多年来恐龙化石研究史上最重要的发现之一，不仅对研究鸟类起源，而且对研究恐龙的生理、生态和演化都有不可估量的重要意义。

1996年，中国辽宁省农民一个的意外发现，就好像炮弹一样动摇了我们对生物进化历史的观念。也为一个争论了近一个世纪的问题提供了全新的证据，这是一个非常有力的证明——今天我们

所见到的鸟类其实是远古恐龙的一个分支。中华龙鸟是属于蜥盘目，不过，在是否将它归纳为空骨龙类仍然存在分歧，它也是一种有羽毛的恐龙。由于在现代的生物学分类，有羽毛是鸟类最重要的特征。有羽毛的恐龙就是在古生物学上著名的"失踪的一环"。几十年来，世界各地的专家曾投入了很大的人力、物力，可惜，直至20世纪90年代中期，这项研究几乎毫无进展。自从19世纪发现了始祖鸟以来，我们对于恐龙和鸟类的关系仍然没有一个很清晰的概念，有理论但没有实际证据支持。

1996年的一个早上，辽宁省农民李应藩绕路开垦山坡，山坡由古火山灰构成。他在该处意外发现一块罕见的岩石板，他知道那是一些特别的东西，于是带回家详看，而里面藏有化石。当时他并不知道，那是中国从未发现过的、最有价值的化石。他把它送到了北京国家地质博物馆。

最初，古生物学家以为它是一种鸟类，但后来，他们发现中华龙鸟是介乎恐龙和鸟类之间的一种生物。这种生物可能是往后鸟类进化历史上的基础。中华龙鸟的体型和身体特征接近小型的食肉恐龙；不过，它全身覆盖着类似羽毛的纤维构造（大概是最原始的羽毛结构）。就身体构造来说，它应该没有能力真正地飞行。它的前肢比较短，后腿长而有力，这是适合高速奔跑的特征。虽然仍然有争论，不过事实的真相已经越来越明显。在20世纪90年代和踏入21世纪的第一个十年，在中国有越来越多的有羽毛的恐龙出土，这成为了全世界古生物学研究的焦点。

孔子鸟化石 〉

孔子鸟是一种古鸟属，其化石遗迹在中国辽宁省北票市的热河组，即四合屯和李八郎沟等白垩纪时期的沉积岩中发现。在现已公开的化石标本中，其骨骼结构十分完整，有着清晰的羽毛印迹。这一切使得孔子鸟成为最出名的中生代鸟。根据其出土的地点地质形成史推断，这种鸟生活在距今1.25亿到1.1亿年，即西方学者称的白垩纪早期和中国学者称的晚侏罗世。孔子鸟是目前已知的最早的拥有无齿角质喙部的鸟类。孔子鸟因孔子而得名。

在发现长有羽毛的恐龙之前，即早在1993年，辽宁北票市四合屯农民杨雨山采集到一副近30厘米的鸟类化石，后来化石收集者张和收集到一些鸟类的前肢和颅骨的化石。后来在1995年，有研究者对该鸟进行了描述并命名为圣贤孔子鸟。很快人们发现四合屯是个鸟类化石库，中国随即成为世界古鸟类研究的中心，直到世纪之交时，超过1000件孔子鸟属标本被发现。

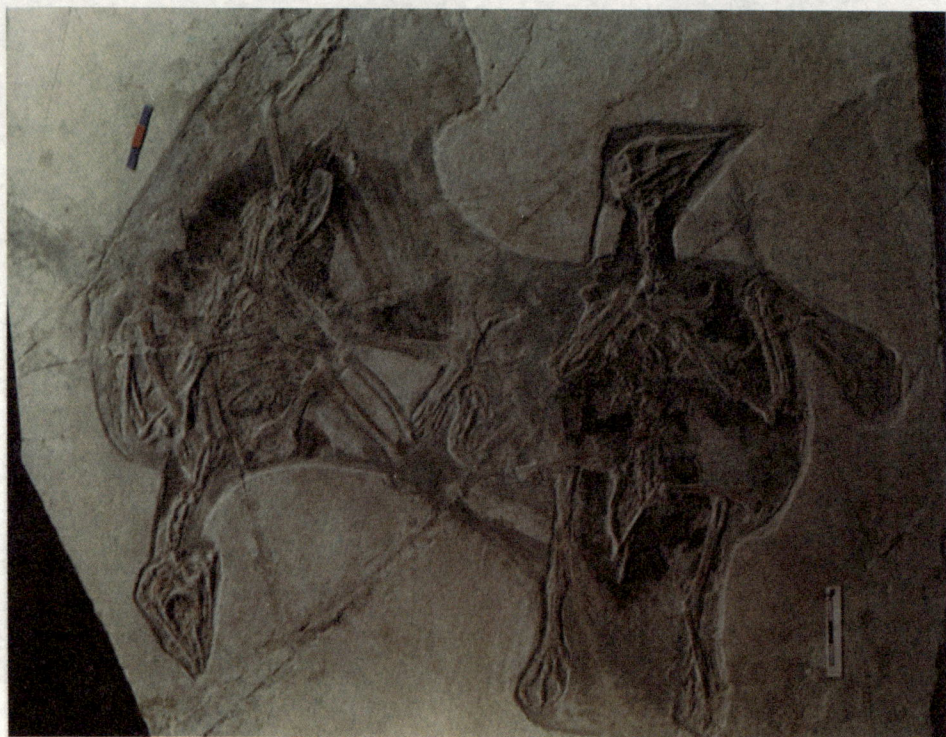

当孔子鸟属被首次描述之时人们就已经相信，四合屯和尖山沟所属的热河组和发现始祖鸟的索伦霍芬石灰岩年纪相仿。1999年从放射性碳测定法得到的数据来看，四合屯化石层的同位素年龄为1.24亿年，就是说热河组年纪比霍伦索芬的更轻。根据和始祖鸟Archaeopteryx（1.5亿年前）的解剖学对比，孔子鸟明显更"年轻"一点。

孔子鸟的颅骨有一些很特别的地方：孔子鸟的喙和现代鸟类一样没有牙齿，但同时代的鸟属如辽宁鸟和燕鸟是有牙的；枕骨部分有如双颞孔型爬行动物的构造：在眼眶后有成对的颞孔（下颞孔和上颞孔），其他鸟类包括始祖鸟，都没有这样的颞孔。

孔子鸟的飞行器官比始祖鸟的有所改进。一些标本的胸骨有一扁平的突起，这和现代鸟类的龙骨突相似。能飞行的鸟类发展出膨大的龙骨突，为重要的飞行肌肉提供附着点，使得翅膀能够上下拍动。与始祖鸟相比，孔子鸟有延长了的喙突，这表明了孔子鸟的肩部肌肉在向现代鸟类进化过程中比始祖鸟更进一步。

孔子鸟的上肢终于一个膨大的胸部突起，上有一椭圆的孔。但目前这个孔的作用仍不清楚，但这是孔子鸟的一个自体衍征，就是说这个属与众不同之处，能借此将其与其他鸟属独立开来的特征。2002年，同样是在热河组的地层中被发现的会鸟被描述，它有着类似的上肢构造。据此认为，这个特征比以前推测的更广泛存在于早期的鸟类当中。

115

始祖鸟化石 ＞

⊠ 最早的化石

最初来到人间的是一根羽毛，那是一根飞羽。这根神奇的羽毛于 1860 年在索伦霍芬附近一采石场被发现，并由德国法兰克福森肯堡自然博物馆的梅耶在年底发表。这根羽毛长 68 毫米，宽 11 毫米，羽干干净利落地将羽毛分隔成不对称的两个羽片，羽轴、羽枝和羽小枝都十分清楚。这个结构与现生鸟类的初级飞羽十分相似，但是来自距今 1.45 亿年的上侏罗纪底层，实在令人难以置信。由此我们可以确信，远在 1.45 亿年前，地球上就已经有了鸟类的踪影，此外没有第二个解释。

⊠ 始祖鸟的首个遗骸

这是在达尔文发表《物种起源》之后两年的 1862 年发现。始祖鸟发现似乎确认了达尔文的理论，并从此成为恐龙与鸟类之间的关系、过渡性化石及演化的重要证据。事实上，在戈壁沙漠及中国就恐龙的进深研究提供了更多证据有关始祖鸟与恐龙的关系，例如长有羽毛的恐龙。大部分人认为始祖鸟较接近现今鸟类的祖先，因它有着很多鸟类的特征；因它与当时鸟类的分歧程度仍有疑义。另外，比始祖鸟更接近今鸟的恐龙已被发现。

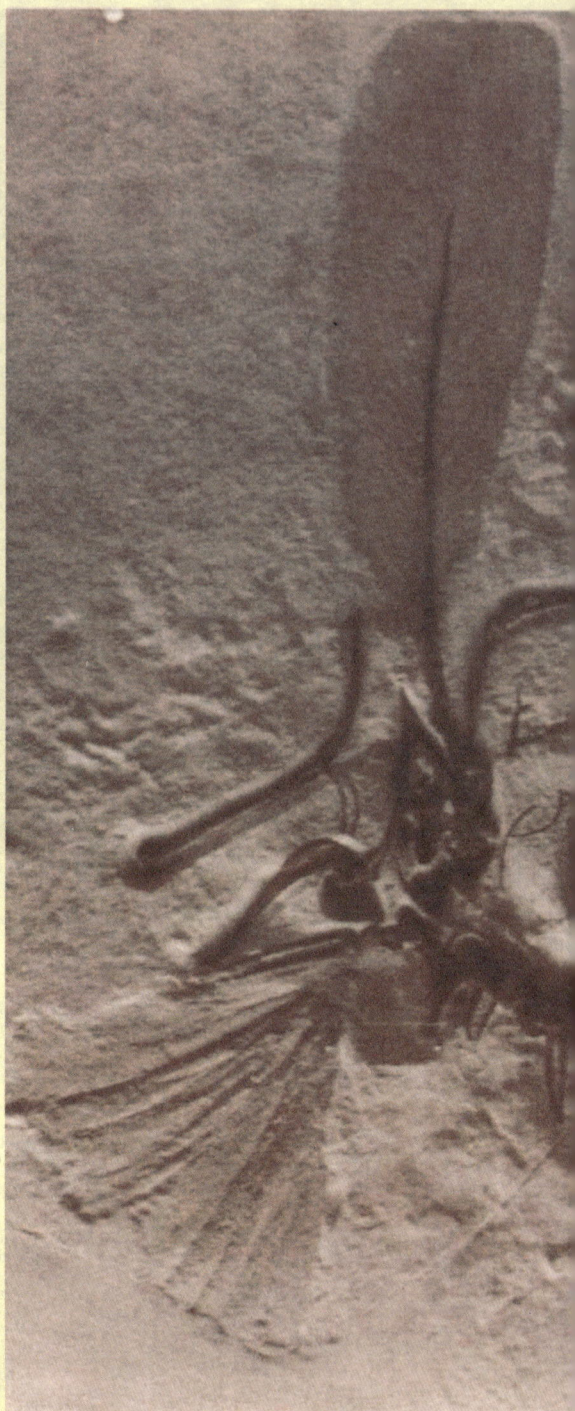

116

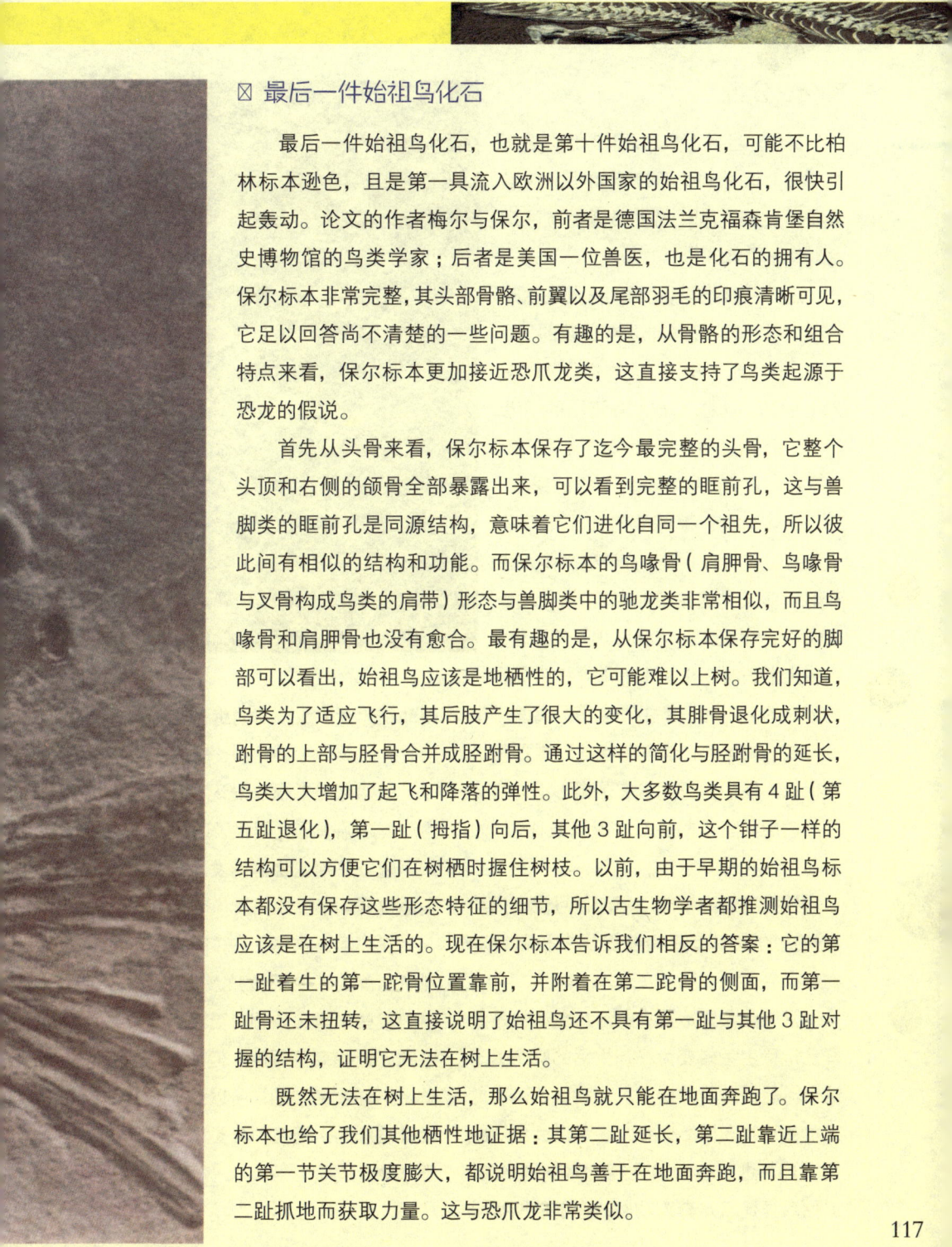

☒ 最后一件始祖鸟化石

最后一件始祖鸟化石，也就是第十件始祖鸟化石，可能不比柏林标本逊色，且是第一具流入欧洲以外国家的始祖鸟化石，很快引起轰动。论文的作者梅尔与保尔，前者是德国法兰克福森肯堡自然史博物馆的鸟类学家；后者是美国一位兽医，也是化石的拥有人。保尔标本非常完整，其头部骨骼、前翼以及尾部羽毛的印痕清晰可见，它足以回答尚不清楚的一些问题。有趣的是，从骨骼的形态和组合特点来看，保尔标本更加接近恐爪龙类，这直接支持了鸟类起源于恐龙的假说。

首先从头骨来看，保尔标本保存了迄今最完整的头骨，它整个头顶和右侧的颌骨全部暴露出来，可以看到完整的眶前孔，这与兽脚类的眶前孔是同源结构，意味着它们进化自同一个祖先，所以彼此间有相似的结构和功能。而保尔标本的乌喙骨（肩胛骨、乌喙骨与叉骨构成鸟类的肩带）形态与兽脚类中的驰龙类非常相似，而且乌喙骨和肩胛骨也没有愈合。最有趣的是，从保尔标本保存完好的脚部可以看出，始祖鸟应该是地栖性的，它可能难以上树。我们知道，鸟类为了适应飞行，其后肢产生了很大的变化，其腓骨退化成刺状，跗骨的上部与胫骨合并成胫跗骨。通过这样的简化与胫跗骨的延长，鸟类大大增加了起飞和降落的弹性。此外，大多数鸟类具有4趾（第五趾退化），第一趾（拇指）向后，其他3趾向前，这个钳子一样的结构可以方便它们在树栖时握住树枝。以前，由于早期的始祖鸟标本都没有保存这些形态特征的细节，所以古生物学者都推测始祖鸟应该是在树上生活的。现在保尔标本告诉我们相反的答案：它的第一趾着生的第一跖骨位置靠前，并附着在第二跖骨的侧面，而第一趾骨还未扭转，这直接说明了始祖鸟还不具有第一趾与其他3趾对握的结构，证明它无法在树上生活。

既然无法在树上生活，那么始祖鸟就只能在地面奔跑了。保尔标本也给了我们其他栖性地证据：其第二趾延长，第二趾靠近上端的第一节关节极度膨大，都说明始祖鸟善于在地面奔跑，而且靠第二趾抓地而获取力量。这与恐爪龙非常类似。

117

◎ 化石分析

目前，世界上只发现 10 例始祖鸟的化石，第十例化石表示始祖鸟属于驰龙，正是它进化出了迅猛龙与恐爪龙。

这 10 例始祖鸟化石大都是在德国的巴伐利亚州的石灰岩层中发现的，距现在已有 1.5 亿年了，这些化石被证明为始祖鸟。这些化石上有清晰的羽毛印痕，而且分为初级和次级飞羽，还有尾羽。它的前肢特化成飞行的翅膀，后足有 4 个趾，都朝着前面，而不是今鸟的 3 前 1 后；锁骨愈合成叉骨，耻骨向后伸长。这些特征都与现代鸟类相似。但奇怪的是，它的嘴里长着牙齿，翅膀尖上长着 3 个指爪；掌骨和跖骨都是分离的，还有一条由许多节分离的尾椎骨构成的长尾巴，这些特点又和蜥形纲极为相似。经研究证明，它是蜥形纲向鸟类过渡的中间阶段的代表，所以被称为"始祖鸟"。

始祖鸟也许不能飞行，但可能在内陆海岸边的地上追逐和捕捉昆虫和爬行动物。

那么类似于始祖鸟的近鸟类动物是怎样从地栖生活转变为飞翔生活的呢？关于这个问题，有两种说法。一种认为，盗龙之类的动物在树上攀缘，逐渐过渡到短距离滑翔，进一步变为飞翔。另一种认为，原始鸟类是双足奔跑动物，靠前肢网捕小型动物为食，前肢在助跑过程中发展成翅膀。

始祖鸟虽然仅仅发现在化石里，但它为鸟类起源于恐龙提供了证据。

随着热河生物群的发现，始祖鸟的分类地位遇到了挑战。

在热河生物群，许多有真羽毛甚至有完整羽翼的动物都被归入了恐龙类，而其中的某些种类比始祖鸟更接近鸟类，另一些则比始祖鸟更原始。但是因为古生物种类是不许改名字的，所以始祖鸟这个名称没有被触动，而它的分类地位，放在恐龙里才最合适。

由于始祖鸟既显示了明显的爬行动物的特征又保存了精美的羽毛，100 多年来人们一直将其作为介于恐龙与鸟类之间的"中间环节"。由于始祖鸟化石稀少，加之地理分布十分局限，长期以来国际上一直围绕鸟类起源问题展开了激烈的争论，提出了各种各样的假说。直到 20 世纪 90 年代，在中国辽西晚中生代地层中发现了大量长羽毛的恐龙和原始鸟类化石，有力地支持了鸟类起源于小型兽脚类恐龙的学术观点，使这个 100 多年前提出的"假说"成为当今国际科学界占主流地位的学说和理论，基本解决了长期困扰国际科学界的鸟类起源问题。遗憾的是，中国一直没有发现与德国始祖鸟十分接近或与德国始祖鸟处于同样进化水平的原始鸟类化石，这种缺憾使我们难以对鸟类定义问题进行深入的研究和探讨。2002 年，在中国辽西早白垩纪断层中发现了 2 种近鸟类化石，即中华神州鸟和东方吉祥鸟。通过比较解剖学研究和支序分析，这 2 种近鸟类要比始祖鸟略微进步一些，在研究鸟类的早期演化方面具有重要意义；但仍然难以对鸟类定义问题作进一步研究。

119

著名动物群化石 >

⊠ 伊迪卡拉动物群化石

伊迪卡拉动物群已知的最古老的海洋后生动物群，由最早的海生软躯体化石和遗迹化石组成。1947 年由澳大利亚地质学家 R·C·斯普里格首先在南澳大利亚伊迪卡拉山前寒武纪晚期的庞德砂岩内发现而得名。

⊠ 澄江动物群化石

1984 年发现于云南省澄江县城东南帽天山早寒武世早期地层的动物群。以多门类海生软躯体和保存有软体部分的古无脊椎动物化石为代表。包括海绵、腔肠动物、蠕虫、腕足类、软舌螺、内肛虫、节肢动物和一些分类位置不明的化石。化石丰富，其软体组织、器官保存完美，是迄今世界上已知少数几个早期珍贵无脊椎动物化石产地之一。化石产于下寒武统筇竹寺组三叶虫带下部厚约 50 米的岩层内。其铷－锶全岩等时线年龄值约为 5.7 亿年。

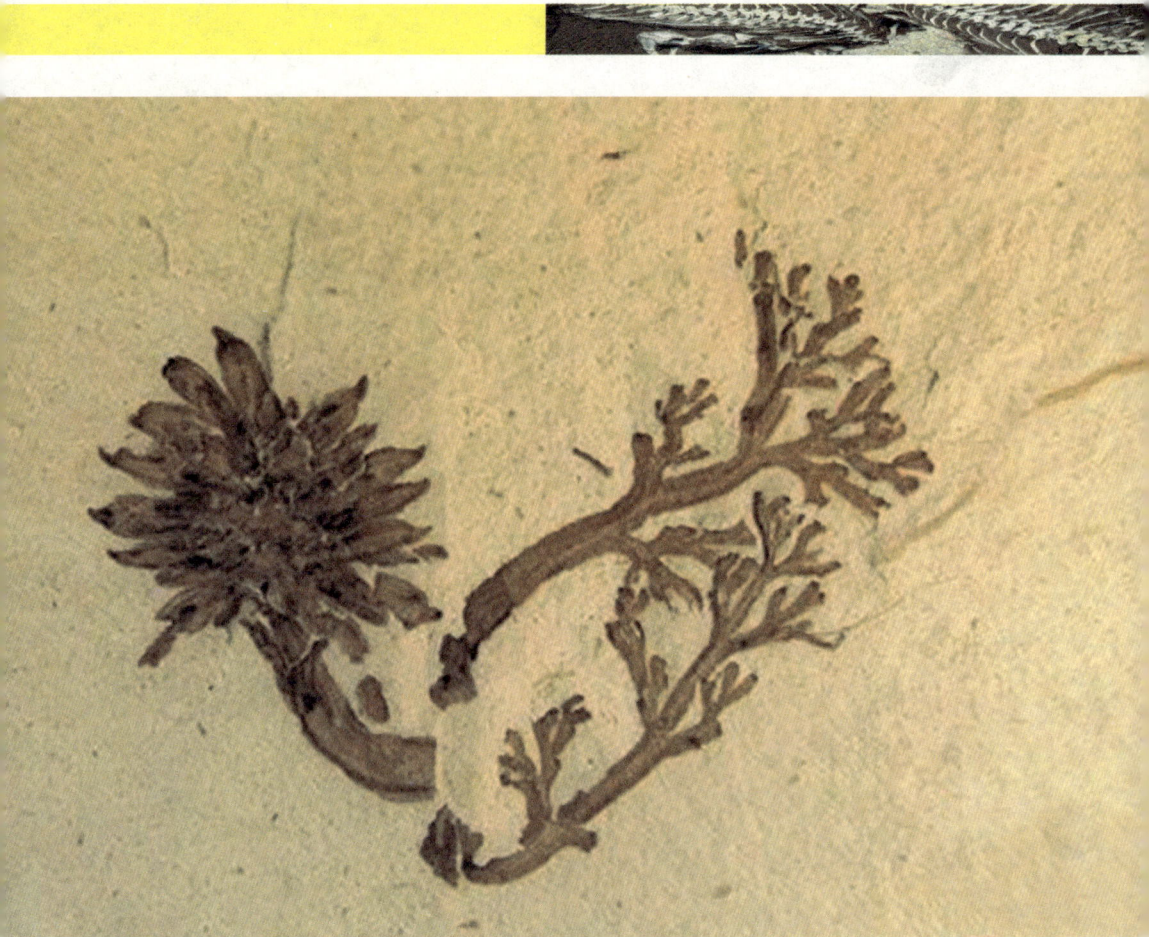

辽宁古果化石 >

辽宁古果为古果科，包括辽宁古果和中华古果，它们的生存年代为距今1.45亿年的中生代，比以往发现的被子植物早1500万年，被国际古生物学界认为是迄今最早的被子植物。从辽宁古果化石表面上看，化石保存完好，形态特征清晰可见。

寻觅"辽宁古果"的过程，时间还要追溯到20世纪。1990年的夏天，孙革、郑少林等科学家在黑龙江鸡西地区发现了距今约1.3亿年的被子植物的化石。孙革教授从中分析出了13粒原位的被子植物花粉。美国著名孢粉学家布莱纳教授认为这就是"全球最早的被子植物花粉"，当时世界许多科学家认为，中国已经找到了打开达尔文谜宫的钥匙。在从1990年到1996年前后6年的时间里，孙革、郑少林等科学家在辽西，先后采集了600多块植物化石，从中发现了一些类似在蒙古发现的"似被子植物"，但真正可靠的被子植物还没能发现。

1996年11月的一天，一位刚从辽西野外回来的同事为孙革送来了3块化石。由于当时比较忙，所以他只是将标本暂时放到了抽屉里。两天后，当他在研究室里小心翼翼地打开用纸包裹着的化石时，他被眼前的第三块化石吸引住了：在这片化石上有一株貌似蕨类的分叉状枝条，其似叶子的部分呈凸起状，显然不同于常见的蕨类植物。50多岁的孙革怀疑自己是不是眼花了，他再用放大镜仔细观察，的确，在主枝和侧枝上呈螺旋状排列着40几枚类似豆荚的果实，每枚果实中都包藏着2~4粒种子。他又把化石置于显微镜下更加仔细地观察，可以清晰地看到，种子被保藏在果实之中。

"这是确凿无疑的被子植物。"当晚，"辽宁古果"这个新的分类群便被确定了下来。

1997年的初春，课题组再征辽西，到达了发现化石的辽宁北票黄半吉沟。他们先后采集到了1000多块化石，并从中发现了8块"辽宁古果"化石。

生物死后都能形成化石吗

　　并不是所有生物死后都能形成化石。恰恰相反，能形成化石的只占古代死亡生物的很少的一部分。而完整保存或部分完整保存的化石，又是其中很少的一部分。化石深埋在岩层中，只有在遇到地层上升的机会，或经风吹雨打，把表面的岩层风化了，化石才被暴露出来。这时如正巧遇上古生物学家去了，才有可能把化石挖出来。若没遇上有人去，暴露出来的化石，随同它的围岩一起，一点点被风化殆尽，化石也就告吹了。你看，采到一件化石有多难，特别是一件完整的化石，更是难上加难。无怪乎古生物学家视化石为珍宝！一只茶杯打碎了，你马上可以再去买一只来，可一件化石损坏了，尤其是珍稀标本，你可能一辈子也找不到了。珍贵的化石不仅是出产国所有，它也是世界古生物学界的"财富"。德国的始祖鸟化石世界上许多国家都制有模型，用以展览和对比研究。我国中国猿人第一个头盖骨标本丢失后，50年来，世界许多古人类学家一直在注意寻找。

● 化石趣闻

专家破解"飞龙"彩冠之谜 〉

翼龙类恐龙的头冠是成熟的象征，类似于雄性孔雀以尾羽开屏来吸引异性同类。翼龙类恐龙的头冠就像是特大号的雄鸡鸡冠一样。

成年和未成年的翼龙类恐龙的头骨有所不同。未成年的翼龙类恐龙头骨有两片冠骨，一片从鼻尖向后长、另外一片则是在头骨的后方，只有成年之后，两片冠骨才会融合成一片、形成头冠。

翼龙还原图

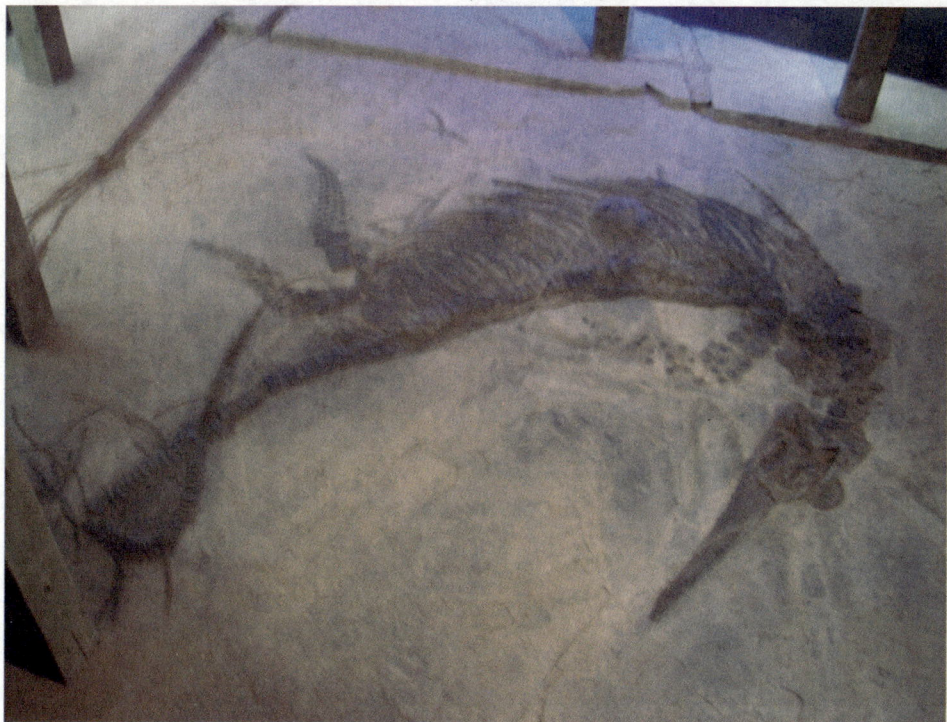

鱼龙趣事 >

1991年，在加拿大西部不列颠哥伦比亚省的一条河中，古生物学家伊丽莎白·尼科丝和她的同事们发现了一具海洋动物的化石，他们将化石整理拼接后发现，这头巨兽有23米长，仅头骨就接近6米，鳍为5.3米，科学家由此推测，这种动物也许是我们这颗星球上曾经生活过的最大的食肉动物，他们称它为鱼龙。

鱼龙在史前的大海里游弋了1.5亿年，而与此同时，它们的近亲恐龙家族则在陆地上称王称霸。在这段时间里，一些鱼龙一直保留着它们祖先类似蜥蜴的特性，而另一些则发生了明显的变化，它们的身体进化得像海豚一样呈流线的形状，而生活习性也同这些哺乳动物差不多了。

通过对鱼龙鳍的研究，科学家知道了这种动物是如何从陆地走向海洋的，它们原来的腿变得短而扁平，而脚趾则连在了一起，变成柔软光滑的鳍；它们的皮肤相当光滑，还长出了一个新月形状的尾巴。当这些变化完成以后，它们便可以在

125

水中游动自如，而在陆地上，它们的鳍则根本无法支撑沉重的身体了。

科学家认为，至少有一部分鱼龙的生活同今天的爬行动物是不相同的，例如今天的海鬣蜥依然离不开陆地，它们必须爬上岸晒太阳以保持体温，维持身体中正常的生物化学活动。但许多鱼龙已经不需要如此了。它们的体内可以产生一部分热量，它们巨大的身躯也有利于维持体温，因此，这部分鱼龙便永远告别了陆地，像鱼一样离不开水了。

鱼龙的食物是科学家最感兴趣的问题。在研究中，人们在鱼龙的腹中发现了大量箭石，它们是一种古生物化石，由已经灭绝的、与乌贼有血亲关系的头足纲动物内壳形成。在另一具鱼龙化石中，人们又找到了一些尚未消化的鱼和海龟的遗迹，那些海龟有6厘米大小，它们被整个地吞进鱼龙的肚里，有些被鱼龙的牙碾碎了。在一只尚未成年的鱼龙嘴里，人们发现了200颗牙，它们是圆锥形的，每颗牙有4厘米长，1~2厘米突出在牙龈的外面，鱼龙用这些牙碾压食物，然后再将它们咽进肚里。

最令科学家感觉惊讶的是鱼龙的眼睛。一般说来，鱼龙游得快，它们才有可

126

能潜得深，因为只有游得快，它们才能在屏息的有限时间内游到更深的地方，这是它们获取丰厚食物的重要本领。一些生物学家认为，鱼龙是可以潜得很深的，这其中的一个重要证据就是它们有一对极大的眼睛。

人们发现，一种身长只有9米的鱼龙拥有一对直径超过26厘米的大眼睛，它们看上去像一对盛食物的大盘子。这是人们发现的世界上最大的眼睛。另一种鱼龙很小，只有4米，但它们的眼睛却超过了22厘米，相对于它们的身体而言，这也是一对大得出奇的眼睛，科学家迄今尚未发现眼睛和身体的比例如此超常的动物。不过在今天的海洋里，也有一些眼睛大得出奇的家伙，例如一种巨大的乌贼，它们眼睛的直径可以达到25厘米，蓝鲸的眼睛也可达到15厘米。

科学家发现鱼龙种类的多少和地球上的气候变化是密切相关的。从化石发现的情况看，当气候温暖适宜时，它们便相当繁盛，种类很多，而在气候寒冷恶劣的地质年代，它们的种类就减少了。研究表明，尽管鱼龙和恐龙几乎在同一个时候出现在地球上，但它们灭绝的时间却是不一样的，鱼龙逐渐消失于9000万年前，而恐龙则是在鱼龙灭绝了2500万年以后，才突然从地球上消失的。

鲸鱼为避天敌被迫进化 〉

4800万年前，一只小型偶蹄动物为躲避掠食者，潜入水中。它拥有厚重的肢骨，因此可以沉入水下，在水下寻找一个安全的地方，等待掠食者离开。

在弱肉强食的自然界，这一幕场景稀松平常，唯一不同寻常之处隐藏在它的耳朵里——中耳区的包膜，耳骨结构一侧比另一侧厚，这是鲸类动物不同于其他脊椎动物的典型特征。4800万年后的今天，这种名叫"印多霍斯"的动物化石在印度克什米尔地区出土，美国学者凭借中耳鼓泡这一证据，推断现代鲸类可能由它进化而来。它们拥有与小鹿差不多的个头，令人很难将鲸类的庞大身躯与它们联系起来，但这反过来也证明它们在几千万年前被迫开始的水下生活相当成功。"从动物外表特征来看，它一点不像鲸。但从解剖特征来看，它太像鲸了。"负责分析这一化石的美国东北俄亥俄大学医学院解剖学教授汉斯·塞威森说："最早的鲸长得一点不像现在的鲸，倒像猪和狗，介于二者之间。4000万年前，它们

失去了腿，但仍在陆地上行走。"新发现的这种生物体型与狐狸相仿，从头到尾长不到1米，头部看起来更像一只大老鼠，全身长着细密的短毛；它们有4条腿，与鹿一样都是偶蹄。科学家们在同一地点发现了不下于50具骨骼化石，这说明这种生物可能是群居的。所有这些特征都符合人们对最初鲸类的猜想。

第一个哺乳动物3.65亿年前从海里爬上陆地。6500万年前，恐龙灭绝，哺乳动物开始进入兴盛期。5000万年前左右，这个类似小鹿的动物又重新从陆地返回海洋，腿慢慢地进化为鳍状肢，鼻子进化成喷水孔。此间，它们开始也许只是想暂时在水下避难，但很快喜欢上海底的世界：食物更充分，天敌更少。这一点，是从它们的牙齿推断出来的，它们牙齿里所含^{13}碳同位素水平要比以水下食物为生的始新世鲸的高得多。说明在下水后很长一段时间内，它们还在习惯吃陆地植物。

世界上第一只兔子 >

　　说到兔，无人不晓。"小白兔，白又白，两只耳朵竖起来"，关于兔子的儿歌总是伴随着我们童年的记忆。守株待兔、狡兔三窟……每个人都可以顺口说出不少有关兔的成语。可是，我们真的对兔子很了解吗？

　　其实不然，有些貌似简单的问题，却让人难以回答，比如兔子的祖先是谁，什么时候开始有兔子，兔子是怎么来的？这些问题实际是生物学上的课题，要想知道答案，我们还是先看看科学家是如何解释的。

⊠ 关于兔子不得不说的秘密

在回答这些问题之前，首先要严格界定什么是兔。俗称的兔在生物学上是指哺乳动物纲兔形目所有类群动物的总称。这个类群有两个现生的大家族：长着长耳朵的兔科，耳朵短圆、样子像老鼠的鼠兔科。

这两个家族在许多方面很相似，并且区别于其他类群。养过小白兔的朋友都知道，兔子长着类似老鼠的一对大门牙，但人们可能不一定注意到，在这对大门牙的后面还有一对很小的圆柱状的小门牙。另外，兔形目的头骨上有类似于窗格的很薄的骨头或者一个大的空腔。在所有的现生兔形目种类以及古老的化石类群的跟骨上，科学家还发现一个斜向穿过的孔。这个很不起眼的小孔是兔形目中独有的，并且在很古老的化石上就已经存在。

鼠兔

家兔骨骼

⊠ 5400万年前，兔子就出现了

兔形目起源问题可以细分为两个：最早的兔形目化石是什么？它们有可能起源于哪个类群？

首先，最早的兔形目是什么？这个问题的答案随着新的发现和研究的深入在不断地更新。就在几年前，发现于我国河南卢氏县的卢氏兔还被认为是最早的兔形目化石。但是近年来，大量的新发现不断填补着人们对兔形类演化过程认识的空白，也更接近于发现最早的兔形目化石。

2008 年，一个由美国、印度、比利时等多国科学家组成的研究小组，报道了他们在印度的最新发现：一块跟骨与一块距骨，时代为距今 5300 万年的始新世早期。这两块小骨头已经具备了兔形目的特征，并且存在跟骨孔。通过化石标本的对比分析，科学家推测，在该时期兔形目可能已经分化出了兔科与鼠兔科。

但是毕竟这两块小骨头提供的信息有限，做出这么大的推论显得证据太不充分。无独有偶，就在同一年，两位俄罗斯的古生物学家发现了蒙古国的一件上臼齿标本，他们根据天兔座的第一颗星，命名为厕一兔，这件标本的年代也是始新世的最早期。他们认为，这是目前发现的兔形目最为原始的新属种，应当起源于混齿兽目的一支，可能接近于模鼠兔。

2007 年，我国科学家在内蒙古二连发现了保存较好的兔形目标本，命名为道森兔，它们的年代达到了 5400 多万年。道森兔显示出的特征介于模鼠兔类与现代意义上的兔形目之间，已经具备了兔形目所特有的两对上门齿，一对下门齿，跟骨上也存在跟骨孔，应该是目前已知的最为原始的兔形目化石。

133

树岛——因人而生，因人而亡？ >

史前人类留下的垃圾堆很可能是现今佛罗里达大沼泽公园中树岛形成的源头。树岛比沼泽水面高出约1米，其上生长着茂盛的植物，是短吻鳄产卵的地方，同时也是鸟类、美洲豹和其他野生动物的栖息场所。

曾有学者认为树岛是在沼泽底部的碳酸盐岩基底上慢慢形成的。不过最近的研究却表明，真正诱发树岛高出沼泽生长的原因是5000年前的人类遗留物，包括蠔壳堆和垃圾堆。它们能为植物提供比周围沼泽高而干燥的生长区域，同时也能为植物提供所需的营养物质。这表明人类活动并非仅对环境产生负面作用。

考古学家对树岛的基部物质进行了发掘和检测，发现在大量土壤、蠔壳堆和垃圾堆的下面存在一层"碳酸盐台地层"。对其中岩石样品进行的化学分析显示，它们含有来自其下碳酸盐岩基底的碳酸盐物质，也含有来自其上蠔壳堆中的磷酸盐物质。考古学家推测，树根的渗透作用在"碳酸盐台地层"的形成过程中起到的关键作用，在佛罗里达干燥的气候下，树根需要大量吸水，旺盛的渗透作用使得碳酸盐和磷酸盐结合在一起形成了台地层。

"碳酸盐台地层"对于树岛非常重要，它能固定树岛的基底，保持树岛的土壤，使得其上的树木就算在火灾之后也能再生。但是现在，人类活动正在威胁树岛的存在，大量砍伐树木导致"碳酸盐台地层"松动，沼泽蓄水则使碳酸盐溶解，一旦台地层崩坏，树岛将不复存在。

索伦霍芬与化石

远在晚侏罗世时期的索伦霍芬地处热带，是一片被礁石包围的浅水潟湖。这片脱离海岸的沙洲与海岸间的潟湖与大海几乎没有交流，所以数千万年以来，湖底慢慢沉积了细腻的泥浆，湖水的盐分也日益增大，生命难以驻足。在往后不同的日子里，一旦某些动物的尸体被风暴或者溢流的海水冲到潟湖，就会沉到含氧量极低的湖底，泥浆将尸体密封，保护它不会进一步腐朽毁坏，细腻如脂的碳酸盐基质保存了其中极为细致的构造，随后矿物质逐渐渗入并取而代之成为化石。

德国的索伦霍芬镇是一个非常小的城镇，居民大概只有几千人，大都以采矿与石版印刷为生。因为印刷的需要，矿工们开始煞费苦心地以手工开采石片（到现在仍是如此），这恰是能发现始祖鸟与其他许多古生物化石的原因。用德国人那种接近"病态"的严谨

保证，他们都仔细检视了每片石片的所有表面。

最初从索伦霍芬来到人间的是一根羽毛，这根神奇的羽毛于 1860 年在索伦霍芬附近一采石场被发现，其结构与现生鸟类的初级飞羽十分相似，但却是来自距今 1.5 亿年前的晚侏罗世地层。1861 年初，索伦霍芬附近的奥特曼矿坑中发现了一具除了头部缺失外比较完整的化石，化石清楚地显示出该物种有一对长羽毛的翅膀！这就是古生物中的超级明星——始祖鸟。

到 1862 年为止，索伦霍芬共计收藏化石 1703 件，其中包括了 1 件始祖鸟、23 件爬行类、294 件鱼类、1119 件无脊椎动物与 145 件植物，这些收藏基本代表了索伦霍芬晚侏罗世的整个生态系统，令人羡慕不已。

图书在版编目（CIP）数据

化石的心事/于川编著. —北京:现代出版社,
2014. 1

ISBN 978 - 7 - 5143 - 2077 - 0

Ⅰ. ①化… Ⅱ. ①于… Ⅲ. ①化石 - 青年读物②化石
- 少年读物 Ⅳ. ①Q911. 2 - 49

中国版本图书馆 CIP 数据核字(2014)第 007795 号

化石的心事

作　　者	于　川	
责任编辑	王敬一	
出版发行	现代出版社	
地　　址	北京市安定门外安华里 504 号	
邮政编码	100011	
电　　话	(010)64267325	
传　　真	(010)64245264	
电子邮箱	xiandai@ cnpitc. com. cn	
网　　址	www. 1980xd. com	
印　　刷	汇昌印刷(天津)有限公司	
开　　本	710 ×1000 　1/16	
印　　张	8.5	
版　　次	2014 年 1 月第 1 版 　2020 年 12 月第 4 次印刷	
书　　号	ISBN 978 - 7 - 5143 - 2077 - 0	
定　　价	29. 80 元	